园林土壤与岩石

徐秋芳 等编

中国林业出版社

图书在版编目（CIP）数据

园林土壤与岩石/徐秋芳等编．－北京：中国林业出版社，2008.7（2021.2 重印）
ISBN 978-7-5038-5275-6

Ⅰ．园…　Ⅱ．徐…　Ⅲ．①园艺土壤 ②园艺－岩石　Ⅳ．S155.4

中国版本图书馆 CIP 数据核字（2008）第 107040 号

本书编委会

主　　编　徐秋芳（浙江农林大学）

副 主 编　姜培坤（浙江农林大学）

　　　　　孙向阳（北京林业大学）

　　　　　陆景冈（浙江大学）

编写人员　（按姓氏笔画为序）

　　　　　王旭东　刘　娟　孙向阳　陆景冈

　　　　　姜培坤　徐　涌　徐秋芳　秦　华

中国林业出版社

责任编辑：李　鹏　李　顺

电话：83143569

出版　中国林业出版社（100009　北京西城区刘海胡同 7 号）
电话　83143500
发行　中国林业出版社
印刷　三河市祥达印刷包装有限公司
版次　2008 年 7 月第 1 版
印次　2021 年 2 月第 3 次
开本　787mm×1092mm　1/16
印张　10
字数　234 千字

定价　40.00 元

前　言

随着我国城市建设规模的不断扩大和人们对居住环境要求的提高，各大、中城市广泛开展园林绿化建设，许多经济发达地区的小县城，甚至乡、镇也非常重视居住环境绿化。土壤是园林的重要基础，决定园林植物能否健康生长。目前，大规模、高速度的园林工程对土壤的选择考虑极少，有的工程甚至根本没有考虑土壤与植物的相互适应关系，通常采用就地或就近取土的方法，导致诸多园林工程的失败。为满足园林工作者对土壤及岩石景观知识的广泛需求以及高校培养后备园林工作者的实际要求，编写组成员以普通土壤学的基本内容为基本框架，结合园林土壤和风景园林相关的岩石景观地貌知识，广泛搜集了园林土壤方面的研究新成果，编写形成《园林土壤与岩石》一书。

全书由绪论、地质学知识、土壤基本性质和园林土壤四部分共 12 章组成。其中绪论、第一章、第二章由浙江农林大学徐秋芳和浙江大学陆景冈编写；第三章由浙江农林大学秦华编写；第四章、第五章由浙江农林大学姜培坤编写；第六章、第七章由浙江农林大学徐涌编写；第八章、第九章由浙江农林大学王旭东编写；第十章由北京林业大学孙向阳编；第十一章由浙江农林大学刘娟编写。

由于编者水平有限，书中错误和不足之处，敬请读者多加指正。最后，向本书编写过程中提供资料、图片和修改意见的单位和个人，致以深切的谢意。

编　者
于 2008 年 6 月

目　录

绪　　论

　　土壤是植物赖以生存的基础，是农林业生产所必需的重要自然资源。土壤条件对植物的分布、生长、繁殖有着重大的影响，合理利用土壤资源和改善土壤条件是农林业生产的重要措施。例如，在林业生产过程中，选择适宜于优良树种育苗和造林的土壤条件；在培育壮苗、造林和抚育过程中因地制宜的采取合理的土壤管理措施（包括耕作、施肥、灌溉及其他改土培肥措施）；采伐时考虑对土壤条件的影响；在园林绿化过程中因地（土）制宜种植和搭配园林植物，保证园林工程的质量等等。

　　土壤是陆地生态系统的组成部分，也是人类和动物居住的环境因子，在保护环境和维持生态平衡的同时，需要考虑水土保持以及防治土壤和水源污染的问题，这同样也涉及土壤知识的运用。土壤也是许多害虫和病原菌居住和繁殖的场所，土壤条件既可直接影响林分的生长和产量，也可以通过影响害虫、病原菌的生活环境以及农药的药效，从而间接地影响生长在土壤上的林木。

　　因此，土壤学是林学类各专业所必修的一门专业基础课程。目前，我国正在进行的改造自然、整治国土和促进农林生产的重大建设项目，如防护林体系的营造和其他生态建设工程项目、用材林生产基地的建设、低产田的改造、盐碱土改良、环境保护和防治污染，以及一些大型水利工程的兴建等等，都需要有大批土壤专业工作者和通晓土壤知识的林业工作者参加。新中国成立以来，我国土壤科学研究有了很大发展，在 20 世纪 50 年代和 80年代，先后进行了两次全国土壤普查。50 年代以来，对全国重要林区的土壤资源也都做过调查工作，对土壤发生和分布规律、土壤性质和肥力状况及其与生态环境和农林业生产的关系、土壤生产力和森林立地质量评估等，都进行了大量研究工作，出版了《中国土壤》《中国森林土壤》等专著，以及为数众多的土壤学书刊和教材。这些工作成果，与国外的土壤科学文献一起，为学习本门课程提供了丰富的资料。

　　在开始学习这门课程时，有必要先对土壤、土壤肥力以及土壤学的内容有一个基本了解。

第一节　土壤及其肥力的概念

一、什么是土壤

　　不同的人，从不同的角度出发，对土壤可有不同的理解。例如，地质学家把土壤看作风化壳或尚未硬化的沉积岩；土建工程师把土壤看作承载建筑物的土或地基；生态学家把土壤看作一种生态环境因子；经济学家则把土壤看作一种生产资料。我们的祖先在创造"土"这个字时，一开始就是把它与植物生长联系起来，其形象就是在两条水平线所代表的土层中冒出一株（一竖）幼苗。在我国东汉时期的《说文解字》这本古老的字典中，作者把"土"定义为"地之吐生物者也"，意思是说，土就是生长植物的土地。近代从农林业生产角度考虑，土壤学者认为：土壤是能够生产植物收获的陆地疏松表层，它最根本的特性是具有肥力(即与生产收获物有关的能力，详见下段)。土壤是一种自然体，它是在母质(形成土壤主体的矿物质)、气候、生物(特别是绿色植物和微生物)、地形和时间5个自然因素综合作用下形成和发展的，并且也受人类活动的影响，有它本身的发生发展规律和特征。

土壤主要是由4种物质组成，它们是：矿物质、有机质、水和空气。它们在一起共同构成一个复杂的分散体系，包括粗粒分散系和胶体分散系。土壤中分散相的主体是大大小小的矿质颗粒，它们通常占固相部分总质量的90%以上(有机土除外)，其中有一部分颗粒的直径很小(小于2或1μm)，属于胶体范畴；分散相的其余部分便是有机物质，虽然通常只占固相部分总质量的百分之几，但它与矿质颗粒(特别是胶体颗粒)形成有机—无机复合体，对土壤的物理、化学性质产生重要的影响。土壤中的分散介质是水和空气，它们存在于土壤颗粒之间的孔隙系统中。这个孔隙系统约占土壤总容积的30%～65%，除了容水、容气之外，也是植物根群、土壤动物和微生物群分布和生活的地方。土壤的矿物质和有机质是植物营养的源泉，而土壤孔隙系统的质和量又支配着水和空气对植物根的影响。土壤还吸收、传导、保持和散发热能。因此，为了解土壤对植物生活的影响，就需要研究土壤的物理、化学和生物学性质，以及不同情况下土壤的水分、养分、空气和热量状况。

在土壤形成过程中，由于水、空气和热能在土壤系统中的输入、输出以及内部运转，使得地表与下层之间的物质和能量不断移动和交换，原本均一的母质，便在垂直方向上分化为形态和性质各异的土层(发生层)；或者，在外力地质作用下，物质经搬运、沉积直接形成母质时，它本身就有不同的堆积层次。高等植物的根系在土壤中生长、呼吸和摄取水分、养分，并通过它们与土体之间的力学联结，支撑着地上部分的直立生长。每一株植物的根系在土壤中都占有一定的面积和深度，而各层土壤的性状，对植物根系的分布有着重大的影响。因此，研究土壤不能局限于靠近地面的一层，而要求达到一定的深度范围。在野外研究土壤类型及其与林木生长的关系时，都要首先挖掘和观察土壤剖面，并分层采集分析用的土壤样品。土壤剖面是土壤的直观表现，最易于观察和识别。因此，在开始学习土壤学时，有必要先对土壤剖面有一个概括的认识，以期获得感性知识，为进一步了解土壤形成过程、形态、组成、基本性质、肥力状况、类型、分布规律和利用、改良问题等打下基础。

二、土壤剖面

土壤剖面就是土壤的垂直切面，通常挖到1～2 m的深度，在土层总厚度较薄的情况下，则挖到较硬的母岩层为止。有一些土壤剖面显示不同的层次，各层的分布深度以及形态性质有明显的差别；而另一些剖面则可能上下比较一致。分层的剖面，有些是层与层之间界限分明，而另一些则是界线不清楚，形态性质是在各层之间逐渐演变过渡的。这些情况，都是由成土因素和土壤形成过程的差异所决定的。土壤剖面的分层状况及各层的排列顺序，统称为土壤的剖面构造。

土壤剖面中的层次有两大成因类型：一类是较为均一的母质或母岩在原地发育而成的土壤剖面，在发育过程中由于物质和能量在上下部位之间的转化与转移，从而可能形成上下不同的层次，这种土层称为发生层；另一类是由于地质作用(主要是地球表面的外力作用)或人为活动而造成的，各层之间的差别可能很大，而且层间界限分明，这种土层称为堆

▽ 图4-29 尼罗河

罗河和阿特巴拉河，其中以青尼罗河为最重要。索巴特河是白尼罗河支流，它于每年5月开始涨水，最高水位出现在11月，此时索巴特河水位高于白尼罗河，顶托后者而使其倒灌，从而加强了白尼罗河上游水量的蒸发。青尼罗河发源于埃塞俄比亚高原上的塔纳湖，上游处于热带山地多雨区，水源丰富。阿特巴拉河也发源于埃塞俄比亚高原。尼罗河干流的洪水于6月到喀土穆，9月达到最高水位。开罗于10月出现最大洪峰。总计，尼罗河的全部水量有60%来自青尼罗河，32%来自白尼罗河，8%来自阿特巴拉河。

2. 尼罗河三角洲

尼罗河三角洲（图4-30）位于埃及北部，北临地中海。尼罗河三角洲是由尼罗河干流进入埃及北部后在开罗附近散开汇入地中海形成的。尼罗河三角洲以开罗为顶点，西至亚历山大港，东到塞德港，海岸线绵延230 km，面积约2.4万km²，是世界上最大的三角洲之一。

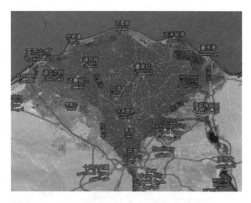

▲ 图4-30 尼罗河三角洲影像图

▲ 图4-28 尼罗河流域图

1 730 km，自上而下分别称为卡盖拉河、维多利亚尼罗河和艾伯特尼罗河。

尼罗河有两个源头，一个发源于海拔2 621 m的热带中非山区，叫白尼罗河。白尼罗河流经维多利亚湖、基奥加湖等庞大的湖区，穿过乌干达的丛林，经苏丹北上。另一个源头在海拔2 000 m的埃塞俄比亚高地，叫青尼罗河。青尼罗河全长680 km，它穿过塔纳

湖，然后急转直下，形成一泻千里的水流，这就是非洲著名的第二大瀑布——梯斯塞特瀑布。

从尼穆莱至喀土穆为尼罗河中游，长1 930 km。白尼罗河和青尼罗河汇合后称为尼罗河，属下游河段，长约3 000 km。尼罗河穿过撒哈拉沙漠，在开罗以北进入河口三角洲，在三角洲上分成东、西两支注入地中海。根据记载，当时尼罗河在进入三角洲以后分成了7条支河。而现在，由于河道的淤积和变动，三角洲上的主要支流只剩下两条：西边的罗赛塔和东边的达米耶塔。

千百年来，尼罗河水自南向北流淌，穿越整个埃及，把绿色和富庶一路撒向三角洲地带，最后才汇入地中海（图4-29）。尼罗河水量丰富而又稳定。但在流出高原进入盆地后，由于地势极其平坦，水流异常缓慢，水中繁生的植物也延滞了水流前进，在低纬干燥地区的阳光照射下蒸发强烈，从而损耗了巨额水量，能流到下游的水很少。入海口处年平均径流量810亿 m^3。白尼罗河与青尼罗河汇合处的平均流量为890 m^3/s，大约是青尼罗河的一半。尼罗河下游的水量主要来源于埃塞俄比亚高原的索巴特河、青尼

积层。

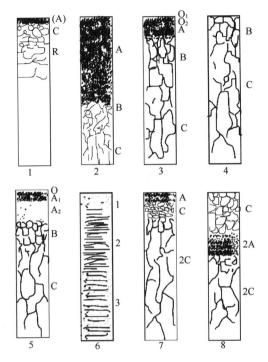

图 0-1 土壤剖面示例

1. 石灰岩上的极薄层土壤 2. 厚层黑土壤 3. 具
有完整发生层次的森林土壤 4. 侵蚀性土壤 5.
灰化土 6. 冲积幼年土壤 7. 具有 2 个堆积层次
的土壤 8. 石质覆盖层下的埋藏土壤

一个由母岩在原地风化发育而成的成熟土壤剖面，可以具有按下列从上到下顺序排列的发生层：O、A、B、C。它的典型构造如图 0-1 之 3 所示。发生层的含义如下：

O 是有机质层。它覆盖在矿质土层之上，是生物（特别是高等植物）残体及其分解转化过程的产物，通常见于森林土壤上。有时可再细分为两个亚层：O_1（凋落物层），其中植物和动物残体的原有形状可用肉眼辨别；O_2（半分解有机质层），呈黑褐色，原有的植物和动物残体形状已不能用肉眼辨别。

A 是表土层。颜色大多比其下各层深暗，在不同土壤类型中可出现不同亚层。A_1 层是腐殖质层，含有百分之几的有机质，颜色较深；有些土类在 A_1 层之下可能出现 A_2 层，称为淋溶层或漂灰层，颜色比上下层都浅，通常带灰白色调；有时 A 层的下部为 A_3 层，即 A 向 B 转化的过渡层。

B 是心土层或淀积层。在表层发生淋溶的情况下，硅酸盐、铁或铝的氧化物，甚至部分腐殖质组分可在此层沉淀聚积。在干旱地区，碳酸钙、硅酸钙和其他盐类也可聚积在这个土层。B 层还可分为若干亚层，即 B_1（A 与 B 的过渡层，而近似于 B），B_2（典型 B 层）和 B_3（向 C 过渡但仍近似于 B）。

C 是母质层。通常指半风化的岩石，或不属于上述土层范围的未成岩堆积物。有时 C 层向下逐渐过渡为坚硬的母岩层 R。但是，严格地说，一个剖面所可能具备的发生层次仅指 O、A、B、C 而言。

除了发生层之外，有些剖面中还可能具有堆积层次。有些土壤的整个剖面都由一种母质或一个堆积岩发育，这种土壤的剖面就只具备发生层次；另一些土壤的剖面各层，可能来自不同母质，也可能没有发生层次，而仅出现堆积层次。前者属于成熟土，后者属于幼年土。在同时兼有堆积层次和发生层次的剖面中，这两类层次常常交错在一起。因此，对于堆积层次，自上而下可以用阿拉伯数字 1、2、3……等标记（图 0-1 之 6）；而对于两类层次并存的剖面，可同时使用两套符号标记（图 0-1 之 7），例如，1A（通常符号 1 可以省略），2B、2C 就表示这个剖面有 2 个堆积层和 3 个发生层，它们相互交错。图 0-1 是一些常见的不同土壤剖面构造例子。

土壤的剖面构造，直接影响高等植物根系的分布和活动。植物根系的形态类型虽然取决于遗传因子，但同一遗传型根系在不同的土壤中可以有较大的变异。图 0-2 是在不同土壤剖面中，树木根系分布状况的一些实例。图 0-2 中 1、2、3 是土壤上层常年较干燥条件下出现的情况；4 表示因土壤各层的水平状况不一致，使得根群密集在湿度适宜的层次；5、6 表示下层常年干燥多石或过湿条件下根系分布的状况；7、8 是地下水位高，近地面土层已被水饱和的情况下，根系集中分布在浅层的实例；9 表示土壤表层肥沃，使得次生细根群趋向表层；10 表示一些树种在心土紧实的剖面中生长时，根系分布的特点，这些树木以直根垂直穿过心土层的裂缝后再分枝，从而形成上下两个水平根层；11 是海岸潮汐线上，红树林的气生根群和插入海底淤泥中的根群。

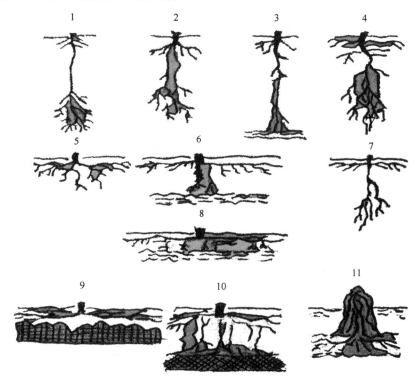

图 0-2　由土壤剖面性状和地下水位引起的树木根系形态变异

三、土壤肥力和土壤生产力

土壤肥力是土壤的基本属性和本质特征。但是，对于"肥力"一词的含意，目前存在着不同的理解。在美国土壤学会制订的《土壤科学词汇》(1975)中，把土壤肥力仅仅理解为土壤供给植物生长所必需养分的能力；而在我国著名土壤学家熊毅、李庆逵主编的《中国土壤》(第二版)(1987)中，则认为土壤肥力是指土壤从营养条件和环境条件方面供应的协调作物生长的能力，它是土壤的物理、化学、生物学等性质的综合反映。这是因为，土壤的各种基本性质都能通过直接或间接的途径，影响植物的生长。当然，这些性质也是互有影响的，而且在不同的情况下，影响植物生长的主导肥力条件也不相同。本书取第二种见解，即广义的定义，所谓土壤肥力，是指土壤能够在多大程度上满足植物对于来自土壤的生活要素(即水分、养分、空气和热量)需求的能力。水分、养分、空气和热量就是土壤肥力的4个要素，它们是土壤性状的综合表现。所以，肥力指标应包括质和量两个方面，通常以各种重要的土壤性状的数量水平，作为土壤肥力水平的量度。

土壤肥力的高低，是一个相对的概念。虽然植物都要求适宜的土壤条件，但不同植物的具体要求不同，有些甚至差别很大。例如，肥沃的水稻土，不一定是肥沃的森林土壤，在这种土壤上水稻生长很好，可以获得高产，但杉木林却是生长很差，黄化甚至枯死。即使同是旱地，例如在石灰性的厚层壤土上，一般的落叶阔叶树生长良好，但茶树却不能正常生长。土壤肥力应与土壤生产力的概念区别开来，所谓土壤生产力，是指在一定生产管理制度下，土壤生产一种或一系列植物的能力，这种能力以植物生物量或收获物产量来衡量。例如，农作物的单位面积产量；林业上的立地指数或单位面积木材蓄积量等等。

必须注意，对于林业生产来说，土壤的厚度是影响土壤肥力和生产力的一个重要指标，但却很容易被忽视。这个指标之所以重要，是因为树木扎根较深，而供林业利用的山区土壤，大部分比平原耕地土壤浅薄，并且在整个坡面上土壤厚度波动较大。因此，山区林木生长得好坏，在很大程度上与土壤总厚度或有效土层(即树木主要根群能伸展的土层)厚度相关联。不同树种，由于根系分布的模式不同，对土壤总厚度的要求也各异，所以只能大体上规定一个林业土壤调查时通用的标准(表0-1)。

表0-1 我国林业用地土壤厚度等级

等级	土 壤 厚 度（cm）	
	温带以及亚热带山地、高山地区等	热带、亚热带一般地区
薄	<30	<50
中 等	30~80	50~100
厚	>80	101~200
极 厚		>200

（据林业部综合调查队）

土壤总厚度既直接影响到树木根系的分布和生长，同时也是土壤水分和各种养分贮量或供给量的计量基础。从土壤厚度算出每公顷或每亩土壤的体积，再乘以土壤密度(单位体积干土的质量)，得出土壤总质量(即土壤总重量)，由此便可将土壤水分和各种养分的百分含量换算为厘米水层、每公顷的立方米水量，或以千克计量的各种养分贮存量，具体计算方法将在以后章节中说明。总之，土壤厚度是衡量土壤肥力水平的重要计量基础，也是评估土壤生产力的重要因子，不可忽视。

第二节　本课程的内容和学习方法

土壤学是林学类各专业的专业基础课，为后续的专业课程提供必要的土壤学基础知识和调查分析技能。

本课程包括理论教学、实验和实习。理论教学内容由4个部分组成，共12章。第一部分是必要的地学知识，包括造岩矿物和岩石、地质作用和地貌、风化和风化产物、岩石的景观地貌等等，为理解它们与岩石的造景、土壤形成、类型、剖面形态和理化性质之间关系及其对林木生长的影响打下基础；第二部分是有关土壤的物质组成、理化性质及各个肥力要素状况的综合说明，着重于基本概念、影响因子、相互关系及其对林木生长影响的分析；第三部分是土壤养分的调节问题，即与林木营养和施肥有关的问题，主要讲述林木对矿质营养的要求、各种肥料的性质以及林木施肥方法；第四部分主要阐述园林土壤特性、盆栽土壤的制备以及营养液的配制。

理论教学部分，要求学生系统掌握土壤各种性质和状况的定义和基本概念、它们之间的相互影响及其与林木生长的关系。实验和实习教学部分，要求能识别主要的岩石和母质类型，区分地形类别；要求学生掌握土壤一些重要理化性质的常规分析方法，并能对分析数据进行整理和应用，初步学会土壤肥力的评价，因土制宜的培植园林植物。

学习本课程应注意以下方法：

(1)基本概念要明确。例如，土壤肥力概念，学习时要搞清楚什么叫做土壤肥力，它包括哪些肥力要素，用什么方式、方法表达，并且还要注意区别与它意思相近且容易混淆的概念，如土壤生产力、肥料等。

(2)抓住重点。每门课程以及一门课程的每一章，都有其侧重点，土壤学也不例外。例如，按课程设置的目的和要求，本课程的重点应为土壤肥力及其对林木生长的影响。上文已提到，土壤的各种基本性质，都会通过直接或较为间接的途径，影响植物的生长，因而都与肥力有关。因此，学生在学习每一章内容时，都应将土壤与肥力的概念联系起来考虑，以便能融会贯通和实际应用。在全部课程的每一章中，也有各自相应的重点，例如第六章土壤物理性质，其重点是土壤孔隙系统的质和量的问题及其影响因子，以及这一问题对园林植物生长的影响，学习时如能抓住这个重点，就能较深入地理解该章内容，而不致有死记硬背之苦。

(3)注意整个课程内部的纵向和横向联系。教材总是分章节讲述的，但各章节所提及的基本知识、基本概念和基本理论，常常是相互联系的。因此，每学习一章之后，要将该章各节之间的内容联系起来思考，并与前面学过的章节联系起来复习和考虑问题。例如第七章土壤的水分状况，除与该章讲述的空气、热量状况有紧密联系外，也与第六章土壤物理性质有密切关系，并且后续章节中提及的土壤养分供给状况(第十章)也都受到土壤水分状况的影响。

(4)要有数量的概念。一门学科从定性描述发展到定量分析，是一个飞跃，土壤学也不例外。举几个简单的例子，怎样才算是土壤深厚？怎样就算是土壤浅薄？这就需要有一个分级的尺度；讲到土壤孔隙系统时，对于土壤总孔隙度的表示方法、数值的大小范围、大小孔隙的合适比例等数据范围，都应做到心里有数，这样才不致发生似是而非的差错。

总之，本课程的理论教学和实验、实习是一个有机整体，缺一不可。要求学生在学习本课程时，既要掌握理论知识，又能在今后的工作中实际应用。

第一章　矿　物

形成岩石的矿物称为造岩矿物。矿物是地壳中的化学元素在各种地质作用下形成的自然产物，矿物可以是单一元素所组成的，也可以是几种元素组合成的化合物。矿物的化学成分和内部构造都是比较均一的，因而具有一定的物理和化学性质，并以各种形态(固态、液态、气态)存在于自然界中。自然界的矿物绝大多数是固体的。

矿物依其成因可分为原生矿物和次生矿物两类。由地壳深处的岩浆冷凝而成的矿物，称为原生矿物，如长石、云母等；在地壳中或地表，由原生矿物经过化学变化(如变质作用和风化作用)形成的新矿物，称为次生矿物，如方解石、高岭石、蛇纹石等。

第一节　矿物的物理性质

每种矿物都有一定的物理性质，不同的矿物由于成分、构造不同，其物理性质自然相异。因此，矿物的物理性质是鉴定矿物的重要依据。

一、颜色和条痕

矿物的颜色主要是矿物对可见光中不同波长的光波选择吸收作用的结果，所呈现的颜色为反射光或透过光波的混合色。根据颜色的成因，可以分为以下 3 种：

1. 自色

矿物本身所固有的颜色称为自色。自色主要是由于矿物成分中含有色素离子而引起的，常见的色素离子有 Fe、Co、Ni、Mn、Cr、Cu。自色形成的另外一个原因，是矿物晶体构造的均一性受到破坏而引起的。如食盐受到阴极射线的刺激，而使无色透明的食盐呈现出粉红、天蓝等各种颜色。自色较稳定，故在矿物鉴定上意义较大。

2. 他色

矿物因外来的带色杂质、气泡等包裹体的机械混入而染成的颜色叫他色，因其多变，故无鉴定意义。

3. 假色

由于矿物内部裂缝、解理面及表面的氧化膜引起的光波的干涉而产生的颜色称为假色。如石膏内部解理面所形成的"晕色"，黄铜矿风化表面彩色薄膜所形成的"锖"色。

条痕是矿物粉末的颜色。通常是用矿物的尖端在无釉瓷板上刻划所留下的粉痕来进行观察，故名条痕。矿物的条痕色比矿物表面的颜色更为固定，它能清除假色，减弱他色，保存自色，因而更具有鉴定意义。例如块状赤铁矿有黑色、红色等，但它们的条痕都是樱红色。

二、透明度和光泽

透明度是指矿物允许可见光透过的程度，通常以矿物碎片边缘能否透见他物为准。矿物的透明度还可分为透明、半透明和不透明。

光泽是矿物表面反射可见光波的能力，通常将矿物的光泽分为：

（1）金属光泽　矿物表面反射光很强，光耀夺目，如同光亮的金属器皿表面的光泽，如黄铁矿。

（2）半金属光泽　矿物表面反射光较弱，呈现变暗的金属表面的光泽，如磁铁矿。

（3）非金属光泽　这种光泽最为常见，较上述光泽为弱，依反光强弱，又分金刚光泽和玻璃光泽。前者反光如金刚石一样，后者反光如玻璃一样。据统计具玻璃光泽的矿物为数最多，约占矿物总数的70%。

上面所讲的光泽，都是以矿物单体的光滑平面（晶面或解理面）来说的，在矿物的断口或集合体上，由于表面不平，有细缝和小孔等，使一部分反射光散射或互相干扰，造成一些特殊的光泽。如具玻璃光泽的浅色矿物的断口处常呈油脂光泽；土状粉末矿物呈土状光泽；具平行纤维状矿物呈丝绢光泽；具极完全解理的云母片状矿物呈珍珠光泽等（表1-1）。

表1-1　矿物的颜色、条痕、光泽、透明度之间的关系

颜　色	无色或白色	浅（粉）色	彩　色	黑色或金属色
条　痕	无色或白色	无色或浅色	浅色或彩色	黑色或金属色
光　泽	玻璃——金刚		半金属	金属
透明度	透明	半透明		不透明

＊金属色指金黄、黄铜黄、铅灰、白、银白等色。

三、矿物的解理与断口

矿物在外力（如敲打）的作用下，沿着一定结晶方向破裂成光滑平面的性能称为解理。此种裂开的平面称为解理面；若矿物在外力作用下沿任意方向破裂，同时破裂面呈凹凸不平的表面，这种破裂面称为断口。

结晶质的矿物才具有解理，非结晶质的矿物不具解理，而断口不论晶质或非晶质矿物都可发生。解理面在矿物晶体上的分布决定它的内部构造，矿物的解理发生在晶体构造中，垂直于键力最弱的方向。例如，具有层状构造的云母类矿物，其每层内部质点间的结合力（键力）强，而层与层之间的结合力弱，故易沿着层间发生解理。由于解理直接决定于晶体的内部构造，且具有固定不变的一定方向，所以是矿物的主要鉴定特征。

图1-1　方解石的3组完全解理

图1-2　石英的贝壳状断口

按矿物受力时解理裂开的难易、解理片之厚薄、大小及平整光滑的程度，将解理分为4级：

（1）极完全解理　矿物极易分裂成薄片，解理面平整光滑，如云母。

（2）完全解理　用小锤轻击，即会沿解理面裂开，解理面相当光滑，断口少见，如方解石。

（3）中等解理　解理的完善程度较差，很少出现大的光滑平面，在矿物碎块上，既可看到解理，也可看到断口，如角闪石。

（4）不完全解理或无解理　在外力击碎的矿物上，很难看到解理面，大部分为不平坦的断口，如石榴石。

由此可见，解理与断口出现的难易程度是互为消长的。没有解理的矿物，断口自然十分明显。依照断口面的形状来看，有贝壳状断口（图1-2）、参差状断口、平坦状断口等等。

还须指出，由于晶格中构造单位间的结合力在各个方向上可以相同，也可以不同，因而在同一矿物上就可以具有不同方向和不同程度的几组解理同时出现。例如云母具有一组极完全解理；辉石具有 2 组中等解理；方解石具有 3 组完全解理；萤石则有 4 组完全解理等。

四、硬度

矿物抵抗刻划、压入和研磨的能力称为硬度。硬度的大小，决定于晶体构造内部质点间距离大小、电位高低、化学键能等。矿物的硬度比较固定，在鉴定上意义重大。

矿物硬度的大小，通常是与摩氏硬度计中不同硬度的矿物互相刻划进行比较而确定。摩氏硬度计包括 10 种矿物，从硬度最小的滑石到硬度最大的金刚石依次定为 10 个等级，见表1-2。

表 1-2　矿物硬度分级

硬度等级	1	2	3	4	5	6	7	8	9	10
代表矿物	滑石	石膏	方解石	萤石	磷灰石	正长石	石英	黄玉	刚玉	金刚石

必须指出，摩氏硬度计仅是硬度的一种等级，它只表示硬度的相对大小，不表示其绝对值的高低，绝不能认为金刚石的硬度为滑石的 10 倍。

在野外工作中，为了迅速而方便地确定矿物的相对硬度，常利用下列工具：指甲（2～2.5）、铜具（3）、小刀（5～5.5）、钢锉（6～7），来试验未知矿物的硬度。

五、比重

是指单矿物在空气中的质量与同体积水在4℃时质量之比。比重大小取决于组成矿物的元素的相对原子质量和构造的紧密程度。矿物的比重差别很大（从 1 到 23），但绝大多数矿物的比重介于 2.5～4 之间，比重小于 2.5 者为轻矿物，大于 4 的叫重矿物，介于二者之间的叫中等比重的矿物。肉眼鉴定矿物时，只是用手来估量，只有当矿物的比重有很大差异时，才能作为鉴定特征。

第二节　常见的矿物

一、石英 SiO_2

普通石英呈不透明或半透明的晶粒状或致密块状的集合体存在，硬度7，无解理，断口呈贝壳状，脂肪光泽，比重2.67，一般呈乳白色，也有无色透明的。

石英在酸性岩浆岩、砂岩、石英岩等岩石中大量存在，在岩石中呈半透明的晶粒状，硬度和脂肪光泽是其重要的鉴定特征。

透明的结晶石英，称为水晶，是六方柱状的晶体，晶面上呈玻璃光泽，含杂质时可显紫色(紫水晶)、黑色(墨水晶)、玫瑰色(蔷薇水晶)、烟灰色(烟水晶)等颜色；其次分布较广的还有由二氧化硅胶体形成的隐晶质及非晶质石英，如玉髓(石髓)、燧石、玛瑙以及蛋白石等。

石英分布最广，存在的数量较多，是构成土壤重要的矿物之一，对土壤的物理性质有很大的影响。

石英对化学风化的抵抗性很强，但较易发生物理崩解。石英缝隙中的水结冰或石英受流水的搬运相互摩擦的时候，均可碎成细粒或失去棱角。

二、正长石 $KAlSi_3O_8$

正长石又称钾长石，是钾的铝硅酸盐类矿物，晶体为短柱状，常具半明半暗的卡氏双晶或称穿插双晶；常见的颜色为肉红色，其次为褐黄色、浅黄色和白色等，玻璃光泽，硬度6，比重2.57，断口参差状，一组解理完全，一组解理中等，解理面互成90度交角。

正长石广泛地分布在浅色的岩浆岩中，如花岗岩、正长岩等。在岩石中正长石多呈晶粒状存在，或呈较方形的结晶断面，有时可见卡氏双晶，多肉红色，伴生矿物主要是石英、云母和角闪石。

正长石对风化的抵抗能力较弱，因为正长石的解理发达，同时具有双晶，容易崩解成碎块和碎粒，从而使正长石的化学分解也易于进行。

正长石含钾量较高，是土壤中钾的重要来源，钾的含量平均在12%左右。正长石在风化过程中，除释放出植物所需要的营养元素钾以外，同时还形成次生的黏土矿物。

三、斜长石 $Na(AlSi_3O_8) \cdot Ca(Al_2Si_2O_8)$

斜长石是钙长石和钠长石的统称，晶体呈板状及板柱状，常具明暗相间的聚片双晶；一组解理完全，一组解理中等，玻璃光泽，硬度6~6.5，颜色白、灰白或淡蓝色。

斜长石主要分布在中偏基性及基性的岩浆岩中，如闪长岩、辉长岩等。在岩石中斜长石多呈晶粒存在，多呈白或灰白色，伴生矿物主要是角闪石和辉石。

斜长石解理也较发达，有时具有双晶的矿物，所以容易受物理的作用崩解成碎块和碎粒，从而促进了化学分解作用的进行。

在长石类中，根据其所含盐基的种类不同，各种长石的分解难易是有差异的，其中钙质的(钙长石)分解得最快，钠质的(钠长石)次之，钾质的即正长石比较难分解。

四、白云母 $KH_2Al_3Si_3O_{12}$

白云母也称钾云母，片状，解理极完全，富弹性，硬度 2~3，颜色为无色或浅色，有时带绿色，珍珠光泽，比重 2.8~3.1，呈透明至半透明状。

白云母广泛分布在花岗岩、片麻岩及片岩中。在岩石中白云母多呈轮廓较圆滑的片状，具明亮的珍珠光泽，硬度小，伴生矿物主要为石英。

白云母的解理极发达，所以容易沿着表面呈薄片状崩解，但化学分解非常困难。在高温多雨化学分解强烈的热带地区，白云母也往往呈细薄片状混杂在土壤中，使黏质土壤组成粗糙，以改善其物理性状；同时白云母细片在化学分解过程中，可不断地释放出钾来，也是土壤中钾的重要来源之一。

五、黑云母 $KH_2(Mg、Fe)_3AlSi_3O_{12}$

黑云母解理极完全，其薄片富弹性，硬度 2.5~3，比重 2.8~3.2，黑色、深褐色和深棕色，珍珠光泽，不透明或半透明。

黑云母主要分布在花岗岩、正长岩、结晶片岩、片麻岩等岩石中，因黑云母易分解，故在次生矿物中很少存在。

黑云母解理也极发达，很容易进行化学分解，特别富含 Fe^{2+} 的分解得就更迅速。黑云母在风化过程中形成的黏土矿物往往是伊利石或混层矿物。

六、角闪石 $Ca(Mg，Fe)_3Si_4O_{12}$

角闪石常呈长柱状、针状、纤维状存在，晶形横断面呈六边形（似菱形），平行柱面的二组解理完全，交角 124°，褐色或绿黑色，玻璃光泽，硬度 5.5~6，比重 3.4，条痕白色或淡绿色，断口呈参差状。

角闪石主要分布在中性、基性和超基性的岩浆岩中。角闪石的伴生矿物主要是正长石、斜长石和辉石。角闪石在岩石中多呈纤维状和针状存在，长柱状的结晶很少见。

七、辉石 $Ca(Mg、Fe)Si_2O_6$

短柱状晶体，常呈中粒状集合体存在，绿黑色，条痕浅色或绿色，玻璃光泽，硬度 5~6，比重 3.4，平行柱面的二组解理中等，交角 87°。

辉石主要分布在基性、超基性的岩浆岩中，多呈晶粒状存在，在一般的岩石中是难鉴别的，其二组解理的 87°交角更难发现，因此只能根据其颗粒状、颜色、硬度及伴生矿物等鉴定之。

表 1-3 列出了角闪石和辉石的一般区别。

表1-3 角闪石和辉石的一般区别

性质 种类	晶形	劈开角	颜色	岩石中的特征
角闪石	长柱状	124° 87°	黑绿色 黑色	长条状、纤维状、针状，伴生矿物为正长石、斜长石或辉石
辉石	短柱状	（近90°）	黑绿色	晶粒状，伴生矿物为斜长石或角闪石

角闪石和辉石化学成分是近似的，辉石比角闪石含 Ca^{2+} 多，而角闪石含有较多的 Fe^{2+}。角闪石的稳定性比辉石稍大，这是由于结晶构造上的原因引起的。它们都属于容易风化的矿物。

角闪石在风化过程中，可形成绿泥石、绿帘石或方解石等次生矿物，最后变成富含铁的粘土、碳酸盐类物质及氧化铁等。

辉石在风化过程中，可形成绿泥石，同时形成绿帘石、碳酸盐类物质和方解石等。辉绿岩、玄武岩等在风化中呈绿色，就是由于产生绿泥石的缘故。

八、高岭石 $H_2Al_2Si_2O_8 \cdot H_2O$

常呈致密细粒状、土状集合体，白色或带浅红、浅绿等色，硬度1，比重2.58~2.60，具粗糙感，加水有可塑性。

九、方解石 $CaCO_3$

方解石是菱面体的白色或乳白色的晶形，也有呈块状、钟乳状的，无色透明者称为冰洲石。方解石具玻璃光泽，硬度3，比重2.6~2.8，3组菱面体解理完全，遇盐酸发生剧急泡沫反应，放出 CO_2，条痕白色。

方解石在自然界分布很广，是大理岩、石灰岩的主要造岩矿物，且常为砂岩、砾岩的胶结物，在基性喷出岩的气孔中亦可出现。方解石在岩石中主要呈隐晶质状态存在（如石灰岩），在重结晶作用比较好的岩石中可呈晶粒状存在（如大理岩）。

十、白云石 $CaCO_3MgCO_3$

晶体常为弯曲的马鞍状（图1-3）、粒状或致密块状，颜色灰白有时微带黄褐等色，玻璃光泽，硬度3.5~4，三组菱面体解理完全。白云石遇稀 HCl 反应微弱，其粉末加 HCl 起泡沫反应，这是与方解石的重要区别之一。

图1-3 白云石马鞍状晶体

方解石和白云石的风化，主要是受水的溶解作用。这些矿物在纯水中是难溶解的，方解石对水的溶解不超过93mg/kg，但对含有碳酸的水，溶解度却增大许多倍，方解石可为1000mg/kg，白云石则为300mg/kg。方解石和白云石中的不纯物质，如铁、铝、硅酸盐等残留下来，则成为土壤的组成物质。Fe^{2+} 受氧化形成赤铁矿或褐铁矿等，使土壤带有褐色。

十一、磷灰石 $Ca_5(PO_4)_3(F, Cl)$

晶体为六方柱状，通常呈粒状、致密块状、土状、结核状存在，颜色有灰白、黄、绿、黄褐等色，玻璃光泽，断口呈参差状，硬度5，比重3.18~3.21，解理不完全。以钼酸铵置于矿物上，加一滴硝酸即生成黄色沉淀。

磷灰石在岩浆岩、变质岩中均以次要矿物存在，是土壤中磷的重要来源。

磷灰石对风化的抵抗能力较大，难溶于水，如受酸性土壤溶液或腐殖酸的作用，磷灰石的溶解度则可增加。

十二、磁铁矿 Fe_3O_4

晶体呈八面体，普通多呈致密粒状、块状的集合体，铁黑色，条痕黑色，半金属光泽，硬度5.5~6，比重4.9~5.2，无解理，具磁性。

十三、赤铁矿 Fe_2O_3

晶体少见，常呈块状、鲕状(鱼卵状)、肾状及粉末状的集合体，颜色为赤红色，条痕樱红色，半金属光泽，硬度5.5~6，比重5~5.3，无解理，无磁性。

十四、褐铁矿 $Fe_2O_3 \cdot nH_2O$

是胶体矿物，常呈肾状、钟乳状、土块状、粉末状的集合体，颜色浅褐到黑色，条痕褐色，半金属到土状光泽，硬度1~4，比重3.3~4。

铁矿类矿物在大气中或土层中，易被氧化，形成氧化物，进而变成氢氧化物，但在空气流通不好的条件下，进行还原作用则变成亚氧化物，成为可溶性物质。

第二章 岩 石

自然界中各种各样的固体矿物很少单独存在，而是以一定的规律结合在一起。由一种或多种矿物组成的集合体叫做岩石。有些岩石是由一种矿物组成，如大理岩常常是由单一的矿物——方解石组成；而大多数的岩石是由两种以上的矿物组成，如花岗岩是由长石、石英和云母等多种矿物聚集而成。

自然界的岩石很多，根据成因分为 3 大类，即由岩浆活动所形成的岩浆岩（或火成岩），由外力作用所形成的沉积岩和变质作用所形成的变质岩。这 3 类岩石在地表的分布面积以沉积岩为最广，达 75% 以上。若以地表以下 16 千米厚度的地壳重量计算，那么岩浆岩和由岩浆岩变质的变质岩要占地壳重量的 95%，沉积岩和由沉积岩变质的变质岩只占 5%。

土壤是由岩石经风化作用和成土作用而形成的，母岩的矿物成分、结构、构造和风化特点都与土壤的理化性质等都有直接关系。因此，我们必须对各类岩石进行研究。

第一节 岩浆岩

一、岩浆活动及岩浆岩的产状

岩浆是地壳深处和上地幔富含挥发成分的复杂的硅酸盐与金属硫化物、氧化物的熔融体，它位于地面以下几千米至几十千米的深处，具有很高的温度（750～900℃）和压力。岩浆的成分包括了固定的成分和挥发性成分（SO_2、SO_3、H_2O、S、F、Cl 等）。

由岩浆冷凝固结形成的岩石称为岩浆岩，又称火成岩，其物质成分主要是硅酸盐。岩浆岩同岩浆的区别有两点：一是物态不同，岩浆岩是凝固的固体，而岩浆是炽热的熔体；二是在成分上岩浆富含挥发成分，而岩浆岩几乎不含挥发性成分。

二、岩浆岩的物质成分

（一）岩浆岩的化学成分

在岩浆岩中几乎包括了地壳中所有的元素，但其含量却很不相同。含量最多的是 O、Si、Al、Ca、Mg、Na、K、Ti 等 9 种元素，其次是 Mn、P、H、B 等。这些元素占岩浆岩总重量的 99% 以上，其余的元素含量很少，其总量不超过 1%。

（二）岩浆岩的矿物成分

岩浆岩的矿物成分是岩浆岩分类、鉴定和命名的主要根据。岩浆岩中常见的矿物不过20 多种，这些构成岩石的矿物通称造岩矿物，其平均含量见表 2-1。

表 2-1　岩浆岩的化学成分

岩石类型	代表岩石	SiO$_2$含量(%)	饱和度	Fe$_2$O$_3$、FeO MgO、CaO	Na$_2$O K$_2$O	指示矿物	主要矿物
超基性岩类	纯橄榄岩	<45	不饱和			橄榄石为主	橄榄石、辉石
基性岩类	辉长岩	45~52	饱和	多↓少	少↓多	少量橄榄石	基性斜长石、辉石
中性岩类	闪长岩 - 安山岩 正长岩 - 粗面岩	52~65				少量石英	角闪石、中性斜长石 角闪石、正长石
酸性岩类	花岗岩 - 流纹岩	>65	过饱和			有相当数量石英	石英、正长石

造岩矿物中根据其化学成分或颜色的特点分为两类：

(1)浅色矿物　即硅铝矿物或长英矿物。这类矿物富含 SiO$_2$ 和 Al$_2$O$_3$，其次是 K$_2$O、Na$_2$O，不含铁镁或含量很少，主要为石英、长石类等。这些矿物颜色较浅，多为白色、灰白色、肉红色等，故称之为浅色矿物。

(2)暗色矿物　即铁镁矿物。这类矿物富含铁、镁成分，而 SiO$_2$ 含量较低，主要为橄榄石、辉石、角闪石和黑云母等。矿物颜色较深暗，多为黑色、黑绿色等。故又称之为暗色矿物。

根据矿物在岩浆岩中含量的多少和在岩浆岩分类命名上起的作用，可以分为主要矿物、次要矿物和副矿物 3 类：

(1)主要矿物　是指岩石中含量多并决定岩石大类和命名的矿物，其含量一般大于10%。如花岗岩类的主要矿物为正长石和石英，缺少其一不能称为花岗岩。

(2)次要矿物　是指在岩石中含量较少，对于划分岩石大类并不起作用。一般含量5%~10%，但可作为进一步划分岩石种属的依据。如石英在闪长岩中可有可无，石英含量达5%则可称为石英闪长岩，所以对于闪长岩类来说，石英是个次要的矿物。

(3)副矿物　在岩石中含量最小，通常不到1%，偶尔可达5%，肉眼不易看见，它对岩石的分类和命名不起作用。常见的副矿物有磷灰石、磁铁矿、锆石等。在某一种岩石中副矿物可有一种或几种。

根据矿物成因又可以分为原生矿物和次生矿物：

(1)原生矿物　指在岩浆冷凝结晶过程中所形成的矿物。如橄榄石、辉石、角闪石、长石、石英、云母等。

(2)次生矿物　指岩石中原生矿物经过风化作用和热液蚀变作用所形成的新矿物。如橄榄石变为蛇蚊石，斜长石变成绿帘石，辉石、角闪石变为绿泥石，钾长石变成高岭石，铁镁矿物分解成铁的氧化物等。

(三)岩浆岩造岩矿物的结晶顺序

岩浆岩的矿物组成间的关系表现在岩浆岩冷却过程中矿物结晶顺序上。1922 年美国科学家鲍文(N. L. Bowen)通过实验和野外产状观察提出岩浆的反应系列，综合了岩浆中主要造岩矿物的结晶顺序以及它们的共同关系，并用一个简单的图解表示出来，见图2-1。

图2-1 矿物的结晶顺序

岩浆岩中主要造岩矿物的结晶顺序，一般多随温度的降低，高熔点的矿物先结晶，低熔点的矿物后结晶。暗色矿物和浅色矿物是分成两个系列结晶的。

左端暗色矿物为不连续反应系列。这系列矿物其结晶格架显著不同，首先是熔点高的橄榄石先结晶出来，若岩浆中 SiO_2 含量较低(不饱和)，只是铁镁成分与之组成 SiO_2 比例较小的橄榄石；如果岩浆中有足够的 SiO_2，则铁镁成分就可以继续和 SiO_2 反应转变为辉石，甚至辉石还会转变为角闪石。所以橄榄石的出现是岩浆岩中 SiO_2 不饱和的表现，若 SiO_2 含量很高，与其他成分反应生成各种硅酸盐矿物外，还有剩余的 SiO_2，随着温度下降，SiO_2 就游离出来结晶成石英，因此，石英与橄榄石不能共生在一起。石英是岩浆岩中 SiO_2 过饱和的指示矿物，如含量适当(即饱和)，又富含铁、镁则出现辉石和角闪石。橄榄石和石英这两种矿物具有指示岩石中 SiO_2 饱和度的作用，所以称之为指示矿物。

右端浅色矿物为连续反应系列，所有矿物均为架状结构，只是在成分上逐渐过渡，其反应与暗色矿物系列相类似。基性斜长石是含钙长石较多，需用 SiO_2 的比例也较少，逐渐冷却时，结晶析出的是含量较多的酸性斜长石，它是含有 SiO_2 比例较高的钠长石。

两个系列最后合并成一个不连续系列，即钾长石、白云母和石英的结晶序列。

三、岩浆岩的结构和构造

(一)结构

结构是指岩石中矿物的结晶程度、颗粒大小和形状，以及矿物间相互结合关系所表现出来的岩石特征。一般常见的结构有以下几种：

图2-2 全晶质等粒结构实图

1. 全晶质等粒结构

是指岩石中主要矿物的结晶颗粒大小大致相等。这是一种全晶质(所有成分都已结晶)显晶质(肉眼能认出矿物的颗粒)结构。根据晶粒大小，分为粗粒(晶粒平均直径 >5mm)、中粒(5~1mm)、和细粒(1~0.2mm)3种(图2-2)。

2. 斑状结构

是指有一些较大的结晶颗粒分散在较细的物质(隐晶质或玻璃质)当中的一种结构。前者称斑晶，后者称基质(或石基)。如基质为显晶质(肉眼可辨者)的，则称为似斑状结构(图2-3)。

3. 隐晶结构

岩石中矿物颗粒比0.2 mm还小，肉眼(包括放大镜)不能分辨其颗粒，只有显微镜才能鉴别，称隐晶质。隐晶质岩石外貌致密，具瓷状断口，多见于浅成岩和喷出岩(图2-4)。

4. 玻璃质结构

岩浆在快速冷却条件下来不及结晶，其中质点作不规则排列成为玻璃质结构。具贝壳状断口和玻璃光泽，为喷出岩所具有 (图2-5)。

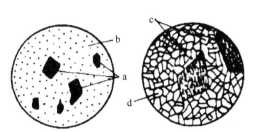
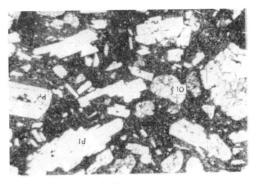

图 2-3　斑状结构(左)和似斑状结构(右)示间图

图 2-4　隐晶质结构实图

图 2-5　玻璃质结构实图

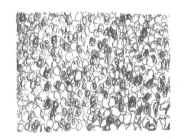

图 2-6　流纹构造(左)气孔构造(中)和杏仁构造(右)

(二)构造

岩浆岩的构造是指组成岩石的矿物及其集合体在空间上的排列、配置、充填方式，亦即表示矿物集合体或矿物集合体之间的各种岩石特征。岩浆岩的主要构造如下：

1. 块状构造

组成岩石的矿物在整块岩石中分布均匀，无定向排列，也无特殊聚集现象，为侵入岩特别是深成岩所具有的构造。

2. 流纹构造

由不同矿物成分或不同颜色的玻璃质、隐晶质组成条纹，有些其中有拉长的气孔成平行条带排列，长条状的矿物沿一定方向排列，所表现出来的一种流动构造。流纹表示当时熔岩流动的方向，这种构造仅出现在喷出岩中，流纹岩常具有这种构造（图 2-6）。

3. 气孔和杏仁构造

岩浆喷出地面后由于压力突然降低，气体膨胀逸出，在岩石中形成了圆形、长条形、波浪形的空腔，在冷凝后保留下大小不一的孔洞，称为气孔构造。气孔如被后来的次生矿物（方解石、沸石、蛋白石）所填充时，则称为杏仁构造，是喷出岩中常见的构造（图 2-6）。

四、主要的岩浆岩

岩浆岩的种类繁多，进行分类时主要根据其化学成分 SiO_2 的含量百分比、矿物成分，以及岩石的产状、结构和构造。

（一）酸性岩类

这类岩石的化学成分特点是 SiO_2 含量很高，一般已超过 65%。出现过饱和的 SiO_2——石英（含量 >20%），这是其重要特征。钾、钠质含量较多，而铁、镁氧化物含量较少，故以浅色矿物为主，其中长石类矿物（主要是钾长石）达 60% 以上；深色矿物主要是黑云母与角闪石，含量较少（10% 以下），反映在岩石颜色上，一般都比较浅，比重也较小（2.8）。由于酸性熔岩流的粘度较大，所以在喷出岩中常见到玻璃质。

这类岩石在地表露出的数量很多，分布最广的是以花岗岩为代表的深成侵入岩。最主要的岩石有：

1. 花岗岩

为深成岩。主要矿物是石英（30% 左右）。钾长石的酸性斜长石，一般是钾长石（平均约 40%）多于斜长石（平均约 25%）。暗色矿物以黑云母为主，等粒结构。岩石属浅色，一般是灰白色、肉红色。深色矿物多呈深灰色，有时钾长石斑晶很大，形成似斑状结构，称为斑状花岗岩。

花岗岩可按暗色矿物种类命名，最常见的为黑云母花岗岩、二云母花岗岩（含黑云母和白云母）和角闪石花岗岩等。另外也可按岩石中矿物颗粒结晶的大小命名，如粗、中、细粒花岗岩。

2. 流纹岩

为喷出岩。矿物成分相同于花岗岩，但结构不同，常具斑状结构。斑晶由较小的石英和透长石组成，有时为黑云母或角闪石。基质多隐晶质和玻璃质，具明显的流纹构造或条带状，它是在半凝固流动过程中，不同颜色矿物晶体和玻璃质成分以及被拉长的气孔呈平行条带方向排列，所以具红、灰色不同色调相间的流动构造的条纹；也有气孔和杏仁构造，但一般气孔和杏仁体的数量比基性喷出岩要少。岩石颜色一般呈浅灰、砖红、粉红、灰白或黑色。

（二）中性岩类型

这一类岩石的 SiO_2 含量约 52%～65%，在矿物组成中不含或少含石英，也不含橄榄石。

1. 闪长岩

为深成岩。矿物成分主要为中性斜长石（65%～75%）和普通角闪石（25%～35%），两者比例约为 2:1；其次为辉石和黑云母，没有或有少量石英（5% 以下）。

2. 安山岩

为喷出岩。分布之广泛仅次于玄武岩。矿物成分与闪长岩相同。一般具有明显的斑状结构，斑晶主要是新鲜的中性斜长石，有时见有角闪石或黑云母的斑晶，斑晶常呈定向排列。基质通常为半晶质或玻璃质，气孔和杏仁构造常见。浅色的安山岩通常具流纹构造。新鲜岩石多呈红褐色、浅紫色、淡绿色甚至黑绿色，经过次生变化，斜长石常变为绿泥石、绿帘石，失去光泽，使颜色变绿。

（三）基性岩类

本类岩石的化学成分特点是 SiO_2 含量占45%～52%，不含石英。深色矿物与浅色矿物含量大致相等。岩石的颜色呈灰黑色，比重较大（2.94）。

1. 辉长岩

为深成岩。由辉石和基性斜长石组成，二者含量近于1：1，可含少量橄榄石和角闪石。粗粒到中粒结构，块状构造。颜色为黑色或黑灰色，肉眼可根据暗色矿物与闪长岩区别。常呈小规模深成侵入体或岩盘、岩床等形状产出。

2. 玄武岩

是分布最广的喷出岩。矿物组成与辉长岩相似，但结构和构造有很大的差别。新鲜岩石多呈黑色、黑灰或暗褐色、暗红色或灰绿色。细粒至隐晶结构，可有玻璃和斑状结构，斑晶常为辉石、橄榄石和斜长石。多具气孔、杏仁构造。杏仁体多由方解石、蛋白石、绿泥石构成。具杏仁构造的玄武岩称杏仁玄武岩，具气孔构造叫气孔玄武岩，亦有块状构造。

（四）火山碎屑岩类

火山碎屑岩是由于火山喷发所产生的各种碎屑物质经过短距离搬运或就地沉积形成的岩石。火山碎屑是喷出岩和沉积岩过渡类型的岩石。

凝灰岩

主要由火山灰所构成的岩石堆积而成。组成岩石的碎屑较细，小于2mm，含量超过半数，其成分多属火山玻璃、矿物晶屑和岩屑，此处尚有一些沉积物质。碎屑亦成棱角状。由更细的火山碎屑物（火山尘）及火山灰次生变化产物——蒙脱石、绿泥石、沸石等胶结。由于粒度细小，从火山口喷出后在空气中可飘浮几十至几百千米，甚至几千千米，故一般远离火山口堆积。凝灰岩是火山碎屑岩类中分布最广的一种，分选性较差，层状构造一般不明显。

凝灰岩成分变化较大，由于凝灰岩粒度较细，孔隙度高，颗粒表面积大，以及碎屑不稳定，所以容易发生次生变化。基性凝灰岩分解后产生绿泥石、方解石、高岭石、蒙脱石等次生矿物。岩石颜色多呈灰白、灰色、也有黄色和黑红色等。

第二节 沉积岩

一、沉积岩的概念

沉积岩是各种地质作用的沉积物，在地表和地下不太深的地方，在常温常压下，经过压紧、硬结所形成的岩石。沉积岩的物质来源于各种岩浆岩、变质岩和早期形成的沉积岩，但因它的生成环境与上述的岩石不同，所以在矿物成分上是有差异的，如橄榄石、辉石、角闪石、黑云母等，在地表常温常压下变得不稳定而破坏，形成新的矿物；只有石英、正长石、白云母等才能保存在沉积岩中。因此，在沉积岩中很难看到角闪石、黑云母等，更不易看到橄榄石、辉石，而最常见的是石英，其次是正长石。

沉积岩占大陆面积的 75%，是构成土壤母质的主要岩石之一。

二、沉积岩的物质成分

沉积岩中发现的矿物已达 160 种以上，但最常见的矿物不到 20 种。在一种岩石中所见到的主要矿物通常不超过 5~6 种，而最常见的约 1~3 种。

沉积岩中的矿物成分主要是由母岩的风化产物演变而来的，根据成因特点，可分为 3 类：

（1）碎屑成分　主要有石英、正长石、白云母及岩屑等。

（2）粘土成分　有高岭石、微晶高岭石、伊利石等。

（3）化学生成的矿物　主要有方解石、白云石、菱铁矿和天然碱等碳酸盐矿物，石膏、芒硝等硫酸盐类矿物，以及铝、铁、锰、硅的氧化物和钠、钾的卤化物（如岩盐、钾盐等）。

三、沉积岩的颜色

沉积岩的颜色主要决定于组成岩石的矿物颜色、混入杂质的颜色，以及沉积物的生成环境和岩石的风化程度。当岩石中不含铁、锰化合物和有机物时，多呈白色；含有碳质和硫化铁时，多呈灰色或黑色；含有 Fe_2O_3 者呈红色；含 $Fe_2O_3 \cdot nH_2O$ 者呈褐色或黄色；含亚铁化合物者呈绿色；岩石含锰可呈紫色。

四、沉积岩的结构和构造

1. 沉积岩的结构

岩石的质点大小、形状及胶结物的数量所形成的特征叫做结构。

（1）依形状分为砾状、角砾状、粒状。

（2）依直径大小分

砾状结构　岩屑颗粒直径大于 2mm。

砂状结构　岩屑颗粒直径在 2~0.1mm。

粉砂状结构　岩屑颗粒直径在 0.1~0.01mm。

此外，在碳酸盐类岩石中，如石灰岩依其结晶情况又可分为结晶粒状及致密状（隐晶）结构。

2. 沉积岩的构造

沉积岩最主要的构造是层理构造，其次为层面构造。

（1）层理就是岩石的成层性。这种成层性的形成，是由于沉积物的沉积时间先后、沉积物的种类和颗粒大小等因素的不同形成的。

（2）层面构造是各种地质作用在沉积岩层面上保留下来的痕迹。主要的层面构造有波痕、泥裂、雨痕、足迹、生物化石及结核等。

图 2-7　沉积岩的层理构造　水平层理(左)倾斜层理(右)

五、主要的沉积岩

1. 砾岩

各种不同的石砾经胶结形成的岩石称为砾岩。其胶结物可为石灰质的、硅质的、泥质的及砂质的。砾岩中的石砾带有棱角时，称为角砾岩。

2. 砂岩

沉积的砂粒经过胶结形成的岩石为砂岩。砂岩因颗粒的大小不同，可以分为粗砂岩、中砂岩及细砂岩。

粗砂岩　　50% 以上的碎屑直径在 2 ~ 0.5mm。

中砂岩　　50% 以上的碎屑直径在 0.5 ~ 0.25mm。

细砂岩　　50% 以上的碎屑直径在 0.25 ~ 0.1mm。

砂岩中的颗粒主要是石英时，称为石英砂岩，一般简称砂岩；有时也可以为长石颗粒，这时称为长石砂岩。

砂岩经过风化崩解之后，石英颗粒就残留在土壤中，砂岩风化后所形成的土壤一般是砂壤土。土壤的物理性良好，但养分比较缺乏，尤缺乏磷。砂岩土壤养分贫乏的重要原因，在于作为土壤养分来源的只是其胶结物，及为数较少的除石英以外的一些碎屑物质，如长石、云母及一些粘土矿物等。

3. 页岩

页岩具有致密状泥质结构，呈页片状或层状构造。矿物成分比较复杂，粘土矿物中的高岭石、微晶高岭石、拜来石等均可出现。碎屑成分主要有长石、石英、云母、泥绿石等矿物，但由于矿物颗粒太小，肉眼无法鉴别。页岩颜色多为灰色、红色、黄色、黑色等。

4. 石灰岩

石灰岩可由化学沉积或生物沉积作用形成，组成矿物为方解石。石灰岩呈块状构造，岩体层理明显。方解石结晶颗粒甚微小，肉眼无法辨出，故多呈致密状结构，粒状者少见，硬度小，遇稀 HCl 发生泡沫反应，颜色呈灰、黄、黑等色，如含硅质多时，称为硅质石灰岩，含粘土多时称为泥灰岩。石灰岩受轻度变质作用，方解石有重新结晶现象，粒状结构较明显，但颜色无大变化者，称结晶石灰岩。

5. 白云岩

白云岩是由含有碳酸钙和碳酸镁成分的白云石形成的岩石。与石灰岩相似，颜色为灰白色，也可以有其他颜色，所不同者是白云岩加 HCl 起泡沫反应很微弱，但其粉沫加 HCl 则起泡明显。

白云岩较石灰岩风化缓慢，也比石灰岩形成的土层浅薄，土壤中残留的镁较多，镁过多会阻碍植物的生长发育。

第三节　变质岩

一、变质岩的概念及变质作用

变质岩是由原来存在的岩浆岩、沉积岩和部分早期所形成的变质岩，在内力作用下，经过变质作用所形成的岩石，称为变质岩。

使岩石发生变质的主要因素是高温、高压，由岩浆中分出的炽热气体和其他物质的作用，以及渗入岩石中的水溶液的作用。

二、变质岩的矿物组成

变质岩的矿物组成是比较复杂的，有许多与岩浆岩相似，如石英、长石、辉石、角闪石、云母等；但有一些矿物是岩浆岩中很少见到的，甚至是完全没有的，这种矿物称为变质矿物，如石榴石、硅灰石、重晶石、红柱石、绿泥石、绿帘石等；有些矿物在岩浆岩中只作为少量的次生矿物出现，而在变质岩中可以大量出现，如碳酸盐类矿物、绿泥石、绿帘石、绢云母等。

三、变质岩的结构

根据变质作用进行的方式，可将结构分为变晶结构和变余结构。

1. 变晶结构

凡是岩石在变质过程中，经过重结晶作用所形成的结构，均属变晶结构。如沉积岩发生变质时，其物质成分经过重结晶产生新矿物，矿物的颗粒有时也变大，其所形成的结构称变晶结构。

2. 变余结构

有些岩石经过变质以后，只有一部分组成物质发生变化，还保留一部分原来岩石的结构特征，这种结构统称为变余结构。

四、变质岩的构造

常见的变质岩构造有：

1. 块状构造

岩石中的矿物成分都没有定向排列，而且各部分在矿物成分及结构上，都是相同的均一的，故形成不规整的块体，如石英岩。

2. 片状构造

是变质岩中最典型最常见的构造，是岩石中所含的大量片状、纤维状、板状矿物都呈平行排列，并彼此相连，故岩石很容易沿片理劈开，如片岩、千枚岩(图2-8)。

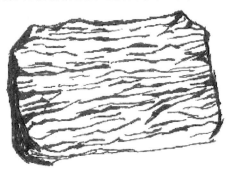

图2-8　片状构造

3. 片麻状构造

岩石中只有少量片状矿物或柱状矿物是平行排列，彼此之间不相连，被很多粒状矿物（如长石、石英等）所隔开，如片麻岩。

五、主要的变质岩

1. 板岩

板岩是泥岩、粉砂岩以及其他细粒碎屑沉积物的变质产物。板岩具有完整的成面片状劈开，呈平坦的似板状平面。板岩由细小的云母、绿泥石、石英等矿物组成，颜色多为青灰色。

2. 千枚岩

千枚岩多呈绿色、淡红色、灰色及黑色，片理发达，片理面具有由绢云母和绿泥石等矿物造成的丝绢光泽，同时片理面细腻稍呈弯曲状。有时可见云母小片或红柱石、石榴石的小斑点。千枚岩的成因与板岩相同，变质程度较板岩为深。

3. 片岩

片岩可以由各种岩石在高温高压下变质而成；也可以是千枚岩进一步变质，矿物重结晶而成。片岩的特征是具有显著的片状构造，片理面常呈皱纹状、粗糙，以致在标本中常可鉴别出主要的组成矿物，如小云母片等，片理面也显光泽性。片岩可按其主要成分分为：石英片岩、云母片岩、滑石片岩、绿泥石片岩、角闪石片岩等。片岩中一般不含或很少含长石。

云母片岩，尤以富含黑云母的片岩较容易分解，可形成富含铁的暗色肥沃砾质的黏性土，含镁较多，磷的含量也不少。白云母片岩容易形成砾质黏性土，肥沃度较低。绢云母片岩形成的土壤富含钾。石英片岩生成稍粗质的土壤，养分比其他片岩少。

4. 片麻岩

片麻岩是一种受到变质作用较深的、具有典型的片麻状构造的岩石。它可以由各种岩石变质而成。片麻岩大多数是由石英、长石、云母及角闪石等矿物组成。这些矿物在片麻岩中的排列是有一定方向性的，暗色矿物在岩石中常成条带状，不像在花岗岩及闪长岩中那样紊乱，而是有层状的特征，即所谓片麻状构造。

5. 大理岩

大理岩是碳酸盐类岩石（石灰岩和白云岩）在高温或高压下经过重结晶作用所形成的岩石。大理岩一般是由粒状变晶结构的方解石颗粒构成的，也可以由白云石组成，有时还杂有少量硅酸盐类矿物，如石英、角闪石和辉石等。由方解石组成的称方解石大理岩，由白云石组成的称白云石大理岩。

石灰岩变质作用后，必须发生变质现象才能称之为大理岩。如只发生重结晶而无明显的褪色者，则称结晶灰岩。纯白色的大理岩，我国俗称汉白玉。

大理岩的硬度小，含方解石者遇稀 HCl 起强烈泡沫反应，含白云石者遇浓 HCl 起泡沫反应。

6. 石英岩

石英岩是砂岩（主要是石英砂岩）在充分热力和压力的作用下，经过重结晶变质而成的岩石。其中石英粒可被挤压呈交错透入状态，或以石英粒边缘之熔解，以后又相互融合在一起，好像石英粒为硅质所胶结。

石英岩硬度大，由于主要为石英组成，一般为乳白色，如含少量氧化铁呈红色或褐色等。

第四节　岩石风化

一、风化作用

大部分岩石矿物都是在高温高压和缺水缺氧的条件下形成的。岩石裸露于地表后，处于常温常压之下及有水有氧的环境中，为了在新的条件下达到平衡，必然发生变化。在温度、湿度、生物等外力作用下，裸露的岩石逐渐破碎变为疏松物质，这一过程就是风化过程。受外力影响引起岩石破碎和分解的作用称为风化作用。风化作用的产物就是土壤母质。

（一）风化作用的类型

根据外界因素对岩石作用的性质，可将风化作用分为物理风化作用、化学风化作用和生物风化作用 3 种类型。在自然界这 3 种作用类型紧密联系，交织进行，很难区分。从幼年土壤形成来看，风化过程先产生形成原始土壤的母质，进而形成土壤。风化过程实质上是成土过程的一部分。

1. 物理风化作用

指岩石在物理因素作用下，逐渐崩解破碎，明显改变了岩石的大小和形状，而其矿物组成和化学成分并未改变，岩石获得了通气透水的性质。

影响物理风化作用的因素主要是温度、水分冻结、碎石劈裂、盐晶、风力、流水及冰川的摩擦力等。温度使岩石产生膨胀和收缩。因为组成岩石的各种矿物热立学性质不同，白天增温膨胀不一致，夜间降温冷缩有差异，如石英的热膨胀系数（温度上升 1℃，体积增大的倍数）为 0.0000075，而正长石是 0.000020，所以在矿物之间的接触面上产生张力，使岩石产生裂隙和崩解；另外，岩石表面和下部受热不均，散热不同，也容易造成上下交错的裂隙。由于长期多变的温度影响，坚硬的岩石逐渐散碎，层状剥落。

水可侵入岩石的缝隙中，结冰时体积增大 1/11，对岩石四壁的压力可达 $6000kg/cm^3$，因而引起岩石的破裂。落入岩隙的碎石，可在岩石胀缩时产生劈裂作用；干旱沙漠地区，在岩石裂隙中，因盐类结晶而产生胀裂作用；风和流水对岩石的侵蚀摩擦以及冰川等自然力，都是重要的物理风化作用。

物理风化作用，使岩石碎屑越来越小，温度趋于一致，物理状况趋于稳定。当岩石破碎到小于 0.01mm 时，物理风化作用明显减缓；初具较好的透通条件，更有利于化学风化作用的进行。

2. 化学风化作用

化学风化作用又称化学分解作用，是指岩石在水和空气（CO_2 和 O_2 等）参与下，使已经破碎的岩石变成更细小的碎屑，而且改变其组成和性质，产生新的矿物和粘粒的过程。化学风化作用包括溶解作用、水化作用、水解作用和氧化作用等。

（1）溶解作用　这是岩石溶解于水中的作用。自然界最常见的溶剂就是水。尽管岩石中各种矿物溶解度不大，但仍有一部分溶解度较大的简单无机盐。即使是溶解度极小的矿物，在漫长的地质年代里仍会有大量的溶解物质。由于生物活动形成的有机、无机酸及 CO_2 的介入，使水的溶解作用加大。

（2）水化作用　无水矿物与水接触后，生成含水矿物的作用称为水化作用。岩石中有许多矿物能与水合成为一种含水矿物。水化的矿物硬度降低，体积增大，促进了岩石风化。

$$CaSO_4 + 2H_2O \longrightarrow CaSO_4 \cdot 2H_2O$$
（硬石膏）　　　　　　（结晶石膏）
$$2Fe_2O_3 + 3H_2O \longrightarrow 2Fe_2O_3 \cdot 3H_2O$$
（赤铁矿）　　　　　　（褐铁矿）

（3）水解作用　这是化学风化过程中最基本、最重要的作用。当水分子（H_2O）进行解离时，形成 H^+ 和 OH^- 离子，其中 H^+ 离子与矿物中的金属离子起置换作用，生成可溶性盐类，这就是水解作用。因水的电离度随温度升高而增加，在高温多雨的热带比寒冷的北方此作用强。水中含有 CO_2 和酸性物质时，解离的氢离子增多，提高了氢离子的浓度，因而加强了水解作用。由于生物学过程能增加 CO_2 含量，所以生物活动，对水解作用有较大的影响。

$$CO_2 + H_2O \longrightarrow H_2CO_3$$
$$H_2CO_3 \Longrightarrow H^+ + HCO_3^-$$
$$\Downarrow$$
$$H^+ + CO_3^{2-}$$

以正长石水解，高岭土化过程为例：

$$2KAlSi_3O_8 + H_2CO_3 \longrightarrow KHAl_2Si_6O_{16} + KHCO_3$$
（正长石）　　　　　　（酸性铝硅酸盐）
$$KHAl_2Si_6O_{16} + H_2CO_3 \longrightarrow H_2Al_2Si_6O_{16} + KHCO_3$$
（游离铝硅酸）
$$H_2Al_2Si_6O_{16} + H_2CO_3 \longrightarrow H_2Al_2Si_2O_8 \cdot H_2O + 4SiO_2 + CO_2$$
（高岭土）

正长石水解放出($KHCO_3$)，最后产生土壤粘粒。在高温多雨的湿热条件下，进一步分解，形成含水氧化铝、硅等简单矿物。

$$2H_2Al_2Si_2O_8 \cdot H_2O + mH_2O \longrightarrow 2Al_2O_3 + nH_2O + 4SiO_2 + 4H_2O$$

(4)氧化作用　大气中的氧气促使矿物发生氧化作用。在潮湿的空气中，氧的氧化作用很强。含铁、硫的矿物，普遍地进行着氧化过程。

$$2FeS_2 + 7O_2 + 2H_2O \longrightarrow 2FeSO_4 + 2H_2SO_4$$

低价铁被氧化成高价铁，使之形成新的矿物，体积增大而疏松，且产生各种酸，使其他矿物进一步分解。

物理风化作用的产物较粗，养分不易释放，通过进一步的化学风化作用，使产物变细，养分释放，土壤具有毛管现象和蓄水力。

3. 生物风化作用

是指岩石、矿物在生物影响下所引起的破坏作用。生物对岩石矿物的破坏，一是机械破碎，二是生物化学分解。

低等植物如地衣对岩石穿插，化学溶解作用极强；菌丝体可深入岩石内数毫米，甚至连最难风化的石英也会呈鳞片状脱落。岩石裂隙中的林木根系，对岩石有较强的挤压力(图2-9)。土壤动物、昆虫对岩石有机械搬运破碎作用；微生物和植物根系分泌酸类物质，促进岩石的化学分解作用；各种生物的死亡残体、腐烂分解，产生各种有机和无机酸，加速了化学风化的进程。生物参与了风化作用，不仅使岩石破碎、分解，而且还能积累养分，创造有机质，增强土壤肥力。任何地区土壤的形成，都不可能在没有生物参加的条件下完成。

图2-9　根劈作用

3种风化作用相互联系，相互促进和影响，综合进行，只是在不同的条件下，各种风化作用强弱有别。

二、影响风化作用的因素

(一)气候条件

在有充分时间的前提下，气候条件比任何其他因素更能控制风化类型和速度。例如，在雨量稀少的情况下，物理风化过程占优势，结果颗粒虽能变小，但不能形成胶体颗粒，化学成分不发生变化；雨量较多，则同时促进物理风化和化学风化，结果产生次生矿物和各种可溶性盐类。在温暖湿润地区，化学风化导致合成较多的次生铝硅酸盐类(粘土矿物)。在潮湿的热带地区，风化作用强度更大，速率更快，残留的风化物则以含水氧化铁、铝占优势，即使一些原本稳定性较高的矿物如钾长石等，也可在该地带强烈风化作用下被分解。由于气候的不同所造成的水热状况的差异，必然会出现与之相适应的植被类型，并呈现地理分布的规律性。这样，气候在很大程度上制约着植被类型，从而间接地通过影响生物化学反应影响到矿物的风化，以致更进一步会影响到土壤化学元素性质的变化。如某些针叶林下的土壤，酸性反应就比一些草原或落叶阔叶林下的土壤为强。

(二)矿物岩石的物理特性

矿物岩石本身影响风化的几种物理特性是：矿物颗粒大小、硬度、解理和胶结程度。

一般情况下，显晶结构的岩石，由于其中矿物颗粒大(粒径大于0.2mm)，特别是粗粒状结构岩石中的矿物大于5mm，容易崩解破裂。这是因为，随着温度的变化，岩石中各种矿物晶粒胀缩情况不一致，有助于岩石发生裂隙和进一步崩解破裂。而隐晶结构的岩石(矿物粒径小于0.2mm)，由于矿物粒径小，粒间接触面大，胀缩差异程度小，从而不易崩解破碎。矿物颗粒的大小也影响到矿物的化学分解，通常情况下，呈细粒状的矿物比呈粗粒状的矿物更易分解。因为细粒矿物比粗粒矿物具有更大的比表面，为促进化学反应提供了更多的机会。硬度和胶结作用主要是影响岩石矿物崩解速度，如硬度大、胶结作用强的石英砂岩，由于化学性质稳定，不易分解，坚硬耐磨，较难破碎；相反，一些硬度较小、胶结作用弱的岩石，如页岩、千枚岩，则极易崩解破碎。

(三)矿物岩石的化学结构特性和结晶构造

矿物的化学元素性质和结晶构造决定其分解的难易。在外界环境条件大致相同的情况下，常见的各种矿物抗风化的稳定性顺序为：石英＞白云母＞正长石＞斜长石＞黑云母＞角闪石＞辉石＞橄榄石。硅酸盐类造岩矿物大多数是极难溶解的，例如云母在20℃时的溶解度仅仅是0.00029%。但是在自然界中还有一类溶解度较高的造岩矿物，例如石膏、方解石和白云石等矿物。石膏属于微溶于水的矿物(10℃时溶解度达到0.1928%)，在有充足雨水条件下，能够很快随水流失。方解石和白云石的溶解度虽比石膏低(20℃时方解石溶解度为0.0014%)，但在含有碳酸的水中其溶解度可明显提高。

矿物的晶体单位晶胞中离子排列的紧密程度也影响着风化速度。例如橄榄石的晶胞排列不紧密，而锆石则相反，因此前者易风化，而后者为抗风化的矿物。黑云母的晶格中含有亚铁离子，在空气中有氧化成为高价铁的倾向，从而使其晶架膨大、稳定性降低，所以黑云母比白云母容易发生化学风化。

三、风化作用的产物

岩石和矿物经风化作用后产物有3种：

1. 风化残体

主要是未彻底风化的碎屑类型和极难风化的碎屑类型。这是风化残体的主体，土壤固相中粗粒物质的主要来源。

2. 各种风化程度不同的粘土矿物

它们是化学风化的产物、原生铝硅酸盐的阶段风化产物、生物风化产物等，是土壤矿质胶体的主要组成成分。细微颗粒具有较大比表面积和表面能，初具粘结性、吸附能力、毛管现象，有一定的养分水分保蓄性。不同风化程度的母质，对土壤影响较大。

3. 易溶物质

主要是各种化学风化作用产生的简单盐类，如K_2CO_3、$Ca(H_2PO_4)_2$等，是植物营养的最初来源。随着风化程度的深化，植物营养不断释放，也会随水淋失或被土壤所保持。

第五节　岩石的景观地貌

一、花岗岩地貌

花岗岩属侵入岩，其中含 3 种矿物为主：石英与长石最多，另有黑云母或角闪石，前二者的硬度分别是 7 和 6，都是较高的(矿物中硬度最高的是金刚石约 10，凡硬度超过 7 的都属于宝石类，比较稀少，云母硬度为 2.5，角闪石是 6)。又因花岗岩中的矿物结晶都是良好的镶嵌结构，孔隙率只约 1%，所以岩性固结坚硬，基本上不透水，每平方厘米能承受 1 ~ 2.3t 的压力。正因花岗岩坚硬抗蚀，所以能形成陡峻的高山，如秦岭的太白山、山东崂山、安徽黄山、浙江天目山、湖南衡山、广东罗浮山等都是。

花岗岩因其坚硬抗蚀，常被用为旅游景点建设的石材，如海南三亚鹿回头海边的神鹿与广州越秀公园内的城市标志五羊(广州古称"五羊城")等都是。东南沿海各地的"风动石"与"盘陀石"等，虽然表面正风化变圆，但中心仍保持坚硬，方能长久屹立为景，也多为花岗岩块。

穿过岩石(成组分布的裂隙称"节理"。主要有两种节理)格状节理(图 2-10)和垂直节理(图 2-11)，它促进岩石风化。假如几组节理将岩石分割为多面体的小块，小岩块的棱和边角与外界接触面大，受到水分、热量等因素的作用大，首先受到破坏，久而棱角消失，岩块变成球形，是为球状风化(图 2-12)。

花岗岩石蛋地形造成很多特殊的旅游景观，如黄山天都峰上的仙桃石，传说是当年孙悟空在蟠桃会上偷来大量仙桃，到此见游人口渴，便撒下供人解渴品尝，其实都是些花岗岩石蛋。

图 2-10　花岗岩格状节理　　　　　　　**图 2-11　花岗岩垂直节理**

又如仙桃峰上的飞来石也是。浙江的天台山、福建的九仙山、广西的大容山，山顶上都有巨大的石蛋。侵蚀强烈的地方，因石蛋之间的红土多已流失，使石蛋景观更为突出，可满山遍布。如著名的厦门鼓浪屿，该岛高处的日光岩，是一个直径超过 20m 的巨型石蛋，高居各石蛋之上，成为重要名胜点。鼓浪屿另有听涛声、观海景、"海上花园"等多种景点，多与花岗岩有关，曾被评为福建十佳景点的榜首。又如在海南省，据旧《乐会县志》载：圣石峰在博鳌港屹立累累，如累卵状……，这表明花岗岩石蛋早已被古人注意。

图 2-12　花岗岩球状风化

全国花岗岩石蛋地形的景点大量集中在东南沿海，原因是这里的花岗岩出露最多，而且高温多雨，湿热的风化条件最好。花岗岩风化所成的怪石景点，几乎连绵不断。在海南有"天涯海角"、"东山岭"；在福建除上述的鼓浪屿外，还有厦门的万石山、福州著名的"三山"（鼓山、于山与岛石山），鼓山上如鼓的巨石、于山上形如巨鳌的鳌顶峰等都是花岗岩的风化物。广东与浙江境内也为数不少。

花岗岩因几种矿物分布均匀，受热后胀缩程度不一，在棱与边角处特别易风化剥落，除了球状风化以外，通常在湿热气候里，一般岩表都会成浑圆形。如浙江普陀山的著名景点"二龟听法"，就是在节理组的基础上，加上花岗岩的浑圆外表，联合作用的结果。传说二只乌龟自东海来普陀听佛祖讲经，因雄龟追逐雌龟，犯了戒律，被双双罚变石龟。显然在花岗岩上只能出现浑圆的乌龟，其他动物即使犯戒也变不出那种形象，说明这只是附会的编造而已。

老君岩造像在福建泉州清源山西侧，原为一道教庙观集中地，此造像高 5.63m，厚 6.85m，宽 8.01m，是在浑圆的花岗岩体上，就原基础略施雕啄而成。整个石像衣褶分明，线条柔而有力，头、额、眼、须等细部均很精致，具有宋刻的手法和风格，这一难得的佳作已列为全国重点文物保护单位。

浑圆的花岗岩体在气候湿热的南方常成为"岩丘"状，突出于丘陵或平地之上，也可因气势雄伟成为景点。海南"天涯海角"即很典型。浙江普陀山全岛均为花岗岩组成，浑圆形的怪石随处可见，该岛的佛顶山海拔 291.3m，为全岛最高峰，峰顶建有慧济寺。自慧济寺向南通法雨寺的步道东侧，有大丛巨岩相叠耸立，形状奇谲，并有题刻多处，除"海天佛国"石外，有"云扶石"，均为胜景。云扶石指在云雾中仰望之有摩天插云之势。宋代王安石在普陀山留有"缥缈云飞海上山，石林水府隔尘寰"的诗句，说明海上多云雾，对"云扶石"的命名并非夸张。1962 年郭沫若游普陀，在佛顶上小憩时即兴出一回文上联"佛顶山顶佛"，求其下联，当时无人能对。事后有郭姓山民书"云扶石扶云"下联悬挂家中，同山异景，十分贴切，且平仄对仗，也为绝妙回文，被传为佳话。

风动石是花岗岩风化后表现的一种特殊类型，岩块可成圆形或近圆形，因岩块与基岩的接触面积很小，给人们有大风吹来摇摇欲坠之感，由此得名。其形成与花岗岩的岩块坚硬、球状风化、水平节理以及岩屑风化流失等都有密切关系。福建东山岛的风动石高4.37 m，宽4.57 m，长4.69 m，重约200 t，状如玉兔蹲伏在石盘之上，故又称兔石。其底部是圆弧形，与石盘接触处长仅数寸，狂风中摇曳不定，一人仰卧蹬足，也能致石身晃动。但几经强烈地震却安然无恙，被誉为"天下第一奇石"，石上有多处古人题刻。从石的外形看，二组节理致岩石略显立方形，比较明显。又如浙江嵊泗县黄龙岛东北有巨石酷似元宝，横于悬崖之上，轻撼会左右晃动，也是花岗岩上形成的一种风动石。

据2000年3月21日《杭州日报》报道新华社消息，福建漳浦的古雷、六鳌半岛等地，发现10余块奇特的风动石，组成一个沿海风动石景群。它大大突破了原《中国旅游大辞典》记载的全国风动石仅有3块，而且其中位于古雷半岛红屿的"窃蛋龙风动石"是迄今已知全国风动石中最大的一块。该石是一块蛋形巨砾，体积1080 m³，重约2.8万t，周围还有其他风动石与之相伴，屹立于碧海蓝天之中，气势恢宏，令人惊叹。该石基座是一个高8 m的晶洞花岗岩兽形体，从几个方向观看，其状似恐龙家庭中的窃蛋龙，并有窃蛋神态，更令人叫绝！其实均为花岗岩风化的产物。

花岗岩由岩浆侵入地壳上部造成，侵入体规模大的称岩基，规模小的称岩株，后者较常见，它在地面的露头多近圆形。在一个岩体内的结晶因形成条件差异，通常中心结晶大，外围结晶小；岩体中心因上升强，多地势更加高耸，这与景点的形成也有一定关系。例如黄山第二高峰光明顶海拔1841 m，被描述为"状若覆钵，旁无依附，秋水长河，长空一色"，即因地势高旷，成为看日出、观云海的最佳处。山头有近6hm²的平坦剥蚀面(早期地壳上升，经各种外力作用形成的平面)，周边大致呈圆形，中心为结晶甚大、更为坚硬的花岗岩。又如江西东部玉山县三清山景区，全区为一圆形巨大花岗岩体，其中心部分也呈圆形，矿物结晶特大，每粒直径常在1～2cm，岩石特别坚硬，节理也特别发达，其最著名的景点神女峰、万笏朝天，以及被誉为"绝景"的"巨蟒横空出世"等，都集中在岩体中心一带，均受岩体构造的控制。神女峰高80余m，端坐云雾飘渺之中，两棵苍翠古松，斜出半山，远望如怀春少女手执瑞草，凝眸沉思。"巨蟒出山"则为一高达128 m的石柱，腰围10余m，头部硕大扁曲，浑如巨蟒飞窜，当山间云雾升腾时又如巨蟒喷烟，观之令人惊心动魄。石柱上有4～5道倾角甚小的节理裂隙，清晰可见，并带风化后的铁锈色，于是便被编入神话，说巨蟒曾几何时被天神的铁链锁住，不敢作恶云云。三清山是怀玉山脉的主峰，多种景观得益于花岗岩体的地质作用，并有类似峨嵋的"佛光"与如黄山的冰川遗迹等。1988年即被审定为国家级风景名胜区。

花岗岩虽然坚硬，但因所含几种矿物的膨胀系数不一，再加化学风化的推动，受热后边角部分会逐步崩散为砂粒。其中主要成分石英与长石成为浅色砂粒，云母夹杂其间成为能反光的细片。当阳光下漫步海滨，碧绿的海水、松软的沙滩与金色的亮点便有"碧海金沙"的妙境，它多出现在花岗岩海岸地区。

以浙江舟山群岛为例，因这一带花岗岩分布广，优质的滨海沙滩特多。北部嵊泗列岛中长度超过300 m的竟达21处，其中以主岛泗礁山北岸的基湖沙滩和南岸的南长涂沙滩最为有名。前者长2200 m，宽300 m，滩面坡缓，沙质细腻，与县城有隔山隧道相通，又因距上海较近，久已辟为海滨浴场；后者长约3000 m，宽约180m，开发上也有巨大潜力。

普陀山是中国4大佛教名山之一、全国第一批重点风景名胜区。它以多寺庙、奇石、云雾、港湾为胜，但东面的3处优质沙滩(自北而南为千步沙、百步沙与金沙)为之增色不少。有描述：潮来如飞瀑，潮退如珠链，动静相间，壮悠兼俱。当清晨到此，可见碧海红日，银浪金波，如临仙境。三沙的对面便是神秘的海山仙山洛迦山，是《西游记》里孙悟空多次拜见观世音菩萨的地方。

普陀南面的朱家尖岛在很多海蚀地貌之间，自北而南展布着"大沙"、"乌龟门"、"樟州沙"、"东沙"、"南沙"、"千沙"、"里沙"及"青沙"等8大沙滩，延绵6千米，成为集中的沙滩带，都是理想的海滨浴场。朱家尖有10大景观，便以"十里金沙"为首。

舟山群岛的诸多沙滩除得益于花岗岩的风化外，还与长期海浪的振荡有关，又与沿岸海流的作用有关。大部分良好发育的沙滩多朝东或东北向，就因大风自东北来而引起涌潮与风浪有关。此外，为何浙江南部多泥涂而少沙滩则与沿岸的沉积条件有关，这里不细说了。

我国沿海与花岗岩有关的良好沙滩很多，大部分集中在闽、粤、海南诸省，如福建的平潭岛、东山岛、厦门鼓浪屿、海南的亚龙湾与天涯海角等处都是。北方秦皇岛北戴河是有名的海滨浴场，也形成于花岗岩地区。

二、中、酸性喷出岩地貌

中、酸性喷出岩岩流呈浅色、粘滞度高、流动缓慢，少有大面积的平缓台地出现，又因石英含量高而岩性坚硬，抗风化力较强。形成的岩石为流纹岩（酸性）、安山岩（中性）或与之成分相当的火山碎屑岩，即凝灰岩或受过一定熔融作用再结晶的熔结凝灰岩。这类岩石常有流纹构造或火山灰堆积的层理，它均不同于玄武岩。

中、酸性喷出岩从全国来看，集中分布于浙江与福建2省，浙江省以东南部更多，几乎覆盖了全区，面积占全省一半以上；福建广布于闽东南沿海一带，面积也近全省一半。这些岩石为景点形成提供了条件。

这类岩石以浅色、坚硬、易破碎为特征，常在岩石节理与地壳抬升的作用下，出现奇峰怪石、断崖陡坡、石柱、洞穴等旅游景点。

雁荡山在浙江东南部，包括乐清的北雁荡山、中雁荡山和平阳的南雁荡山等3景区，通常以景区面积最大的北雁荡为代表，该处景区面积450 km²，约占全景区的3/4。北雁荡山素以山水奇秀驰名中外，被誉为"东南第一山"，1982年即被列为首批国家级重点风景名胜区；另二处中，南雁荡山也被列为省级风景名胜区。

历代名人对雁荡山的赞美诗文甚多，南宋朝著名山水诗人、永嘉太守谢灵运的"声名一代谢公岭，形胜千年雁荡山"，吸引了无数游客登临怀古；此外宋朝沈括《梦溪笔谈》称雁荡山为"天下奇秀"，清代有"欲写龙湫难着笔，不游雁荡是虚生"的名句等，都为此山景物大大增色，从中显出其独到的魅力。

据《浙江山水揽胜》介绍，距今1.2亿年前的白垩纪早期，雁荡山有大规模的火山喷发，形成了直径约13 km的火山口及围绕四周的环状断裂，岩浆沿火山口及断裂处喷溢至地表。此后在长达1500万年之中，雁荡山又经历了两期大规模火山爆发，前后共形成厚达数千米的火山岩层，并在雁荡山主火山口周围发育了10余个小火山口与火山穹窿。火山活动大致经历了早期火山岩流与碎屑喷发——火山塌陷——复活穹起——晚期火山碎屑喷发——晚期破火山口形成——岩浆侵入的演化过程（破火山口指火山发生崩塌与陷落，形成比原火山口大得多的洼地；穹窿指局部的上凸构造）。上述过程在各地有一定的代表性，形成的岩石以流纹岩及凝灰岩为主，都是浅色、坚硬、较难风化的；再经多次构造运动，使断裂与垂直节理发育，便形成多种旅游景观。

雁荡山景色以奇峰、怪石、幽洞、飞瀑、屏嶂、清泉等著称，大都与岩性和断裂、节理等有关。

危峰乱叠，千姿百态，最为引人入胜。明末著名旅行家徐霞客多次到过雁荡山，其笔下"望雁山青峰，芙蓉插天，片片扑人眉宇"、"重岩怪嶂，雕镂百态"等名句，写尽了雄、险、奇、秀等特点。这里有诸多以形象命名的山峰，如天柱峰、剪刀峰、合掌峰等。清代文学家袁枚把剪刀峰想象为裁云巨剪，有诗："远望山峰裁紫霄，尖叉棱角有高低，倘非山中藏刀尺，那得秋云片片齐"，美景与妙句相映生辉。合掌峰是灵峰景区的主景点，现代文学家邓拓有句："两峰合掌即仙乡，九叠危楼洞里藏，玉液一泓天一线，此中莫问甚炎凉"，生动地描绘了此别有洞天的胜境。合掌峰为倚天峰与灵峰的合称，形如合掌，中央一古洞可直达峰顶，高百余米，内建有供佛的九层楼阁，并有渗滴的泉水。实际上它是在喷出岩的基础上，因地质学张性断裂形成一巨大破碎带，后碎石被人为取出，修挖成洞。

像屏障的山峰称嶂，高耸入云，悬崖峭壁连绵不断。雁荡有4大奇嶂：倚天嶂、铁板嶂、连云嶂、屏霞嶂。明代徐霞客称："仰视回嶂通天，峭峰倒挂"、"嶂方展如屏，高插层岩之上，下开一隙如门，惟云气出没，阻绝人迹"。这些景物多半是坚硬岩石与断层或节理共同作用的结果。显胜门是雁荡山又一重要景区，以神奇幽绝著称。它是由两座对峙悬崖组成的一个峡谷，悬崖均高达200余m，而峡谷宽仅6~7m，峰顶几乎相撞，成为门形，门下还有溪与深潭，溪边有卧石，上刻"天下第一门"5个大字。人人其中，仰望时惊心动魄，其成因也与前述相似。

天柱峰、一帆峰等是熔岩柱，龙鼻洞的龙鳞爪是流纹岩中耐蚀的硅质物，都是火山岩的产物；大龙湫瀑布从高达196m的连云嶂下泻，三折瀑是越经三重悬崖的水流，都与坚硬火山岩有关；还有不少洞穴和岩层的差别与风化有关，在这些景点，岩性起着重要作用。

桃渚在浙江东部三门湾与台州湾之间的滨海地带，景区面积832 km^2，跨临海与三门二市县。桃渚素有"海上仙子国"、"风景直冠东南"等赞誉，其特点是奇特的火山熔岩地形，并兼具海滨风光。

约8000万年前的白垩纪中期，火山喷发形成桃渚的火山岩，这一带留下了9个火山口。大量岩浆喷溢之后，并保留了完好的火山构造，有典型的火山管道、火山颈、火山锥与火山弹、火山石球等物，既是科学考察的理想地，又为旅游景点创造了条件。

桃渚因汇集了"峰、洞、岩、瀑"4绝之秀，有"小雁荡"之称。古籍谓其"洞府之胜为天台、雁荡所未及"，实则熔岩地貌与峰林地形也确有胜过雁荡的独到处。诸景之中以武坑景区为冠。玉台山为武坑之主要山体，其四周环壁成嶂，形如围城。东与天都峰对峙，构成"石门"，岩顶有"虎星岩"，形如二虎盘踞。玉台边缘多悬崖，常云雾缭绕，予人以神秘感。最奇特的是其东侧有一垂空危崖，高达70余m，称"倚天剑"，又称"擎天玉柱"；侧观则更似象鼻汲水，故又名"象鼻岩"。旁侧悬崖天生两洞，传说王子与仙姑在此炼丹，人称"联辉洞"。玉台山有"石公"与"石婆"两巨岩，形态酷似二老人。西部群山巍峨，状如雄狮，名"狮子山"，并因山高多瀑："折线瀑"、"含羞瀑"、"珍珠瀑"等，下泄汇入"日月潭"，碧潭如镜。东部华盖山也多奇峰怪石，其中相思岭上有"含珠岩"，又名"情人泪"，为两对峙绝壁之间夹有一岌岌可危的巨石，被想象为恋人倾诉，不能相依相偎，而巨石为滴下的泪珠，美景与神话绝妙，更加引人入胜。此外还有崖顶上可望而不可采的"万年灵芝"；南面山峦起伏中的"七仙女"、"五女拜寿"、"四大金刚"等。无非是火山岩的多姿多态，试想如无垂直节理发育，何来"擎天玉柱"？如岩性不够坚硬，易于风化，何来"滴泪的情人"？瀑布的出现也必与硬岩形成的断崖有关。

桃渚的洞穴以仙岩景区为最多，有仙人桥洞、纺车洞、万松洞、双飞洞、穿岩洞等多处，均位于陡峭的山崖之下，其中仙岩洞的规模最大，号称"第一洞天"，宋末右丞相文天祥曾于此避难，以之为抗元复国的据点。洞穴的形成可能在火山岩的基础上，曾经过海蚀。因至今在海滨龙湾景区还保留着海蚀的崖、洞、柱礁等多种景观，怪石嶙峋，蔚为大观。推想其他距海稍远的景区，在久远的历史年代里，也有可能。仙岩景区有一因熔岩岩墙崩塌后形成的天生桥，桥高 60 余 m，拱门高 40 余 m，宽 20 余 m，被誉为"东南第一关"，十分壮观。显然这些景物的形成，都与坚硬的岩性有关。

酸性火山喷出岩主要是流纹岩与凝灰岩，火山灰堆积的凝灰岩在东南沿海占有很大面积，其特点是层理明显，与沉积岩相似，而各沉积层物质成分和紧实度不一，便产生了差异风化现象，即坚实耐蚀的突出，而相对疏松易蚀的则内凹。

浙江建德的大慈岩，即闻名遐迩的江南悬空寺，其最主要的建筑地藏王殿，一半嵌入洞穴，一半悬挂岩壁，巍峨壮观，整体布局严谨。殿堂依壁据洞而建，洞高约 3m，沿壁长 60m，深 50m，微成拱形。据研究，该洞的形成全来源于差异风化，洞顶与洞底的灰紫色巨厚层角砾凝灰岩，比较坚硬耐风化；而殿堂壁部即顶底之间的岩层为灰绿色凝灰岩，相对较软易于风化，经过长期的差异风化，沿着接近水平的层面便形成一个壁龛式的洞穴。

浙江缙云仙都的下洋村对岸有一排临溪悬崖，号称小赤壁。在众多景点中最为奇特的是一条天然石廊，长近 100m，宽仅 1m 左右，被称为"龙耕路"。传说东汉光武帝刘秀在创业时曾逃难到此，被陡壁所阻，后面追兵逼近。在万分危急时，忽然狂风大作，一条鳞光闪闪的蛟龙在岩壁间穿耕出一条狭路，使刘秀能逃离险境，这便是现在的"龙耕路"。这故事极可能是刘秀登基后，有人受命编造神话，借以证明他是真命天子，有神龙帮助云云。实际上这条"龙耕路"石廊来源于差异风化，它的上下都是较坚硬的角砾凝灰岩，不易风化；二层之间则为河湖相的红色凝灰质粉砂岩，形成于火山喷发间歇期，层理明显，胶结不紧，容易风化剥落，经过长期变化便有了石廊。什么"龙"、"耕"均为无稽之谈，刘秀也不会到过小石壁。

凝灰岩堆积时，如在局部的物质不均匀，经差别风化可形成洞穴。例如前面已提到浙江桃渚的武坑景区，在"擎天玉柱"旁的悬崖上，王子与仙姑炼丹的"联辉洞"，就是这样形成。又如浙江浦江的仙华山，在陡口"天门"与"云路"附近有一生于流纹斑岩中的"清虚洞"，深宽各达 5～6m，是在天然差异风化的基础上，再略加人工修筑而成，该洞内还有小潭清泉，环境优美。

火山岩上的差异风化还可表现在岩块的边缘与棱角部分先风化脱落，远看整个岩体外表多呈浑圆状。这种情况在颗粒较粗的凝灰质砂砾岩尤为明显，它与花岗岩的球状风化又相似又不全一样，它能形成一些特殊的岩石景观。例如有报道，浙江诸暨市南约 20km 的斗（子）岩山一带，发现了一处国内罕见的天然千佛山，海拔 500m 左右，绵延数千米，各种大小天然岩佛不计其数，岩上叠佛，佛上叠岩，佛中有佛，堪称天下奇观。千佛山中天然岩佛大者身高数百米，小者高数米至数十米不等，或似高僧诵经，或似观音讲法，千姿百态，蔚为壮观。尤为称奇的是：整座斗(子)岩山脉酷似两个头头相顶仰卧的巨佛，五官及身体曲线姿态优美。这一奇特景观无非是不均匀的火山灰堆积层风化的结果，其中所含的砾石经风化后或凹入或突出，更可增加形象的复杂与多姿。类似的情况还可见于建德大慈岩，该处主峰像一尊地藏王菩萨的立像，身高147m，大佛的五官与身材均很逼真，号称"山是一座佛，佛是一座山"，已被专家鉴定，命名为"华东第一天然立佛"。

三、红砂岩地貌

丹霞地貌(图2-13)指中生代侏罗纪至新生代第三纪形成的红砂岩地层(以红色粗、中粒碎屑沉积的厚层岩为主)，在近期地壳运动间歇抬升作用下，受流水切割与侵蚀形成的独特丘陵地貌，相对高度常在300m以内。它具有顶平、坡陡、麓缓的形态，常显奇、险、秀、美的丹崖赤壁(图2-14)和千姿百态的造型，有很高的游览与观赏价值，使红砂岩成为重要的造景岩石。

图2-13　丹霞地貌

图2-14　丹霞赤壁

丹霞地貌的命名是早在1928年我国地质学家在粤北考察时，根据该地"丹霞山"特征做出的。目前已成为红砂岩蚀后地貌的专用名词。有人找到在浙江淳安汪宅乡屏风岩的崖壁上有一方清道光 19 年(1839 年)的石碑上，把当地红砂岩景观形容为"丹霞挂崖"，则时间较地质界命名早了 100 多年。实际上明代地理学家徐霞客早在 15 世纪初游浙江天台山时便有描述："赤城山顶园壁特起，望之如城，而石色微赤"、"至赤城麓，仰视丹霞层亘"对该地赤城山组的紫红色粉砂岩、砾岩夹凝灰岩，已做出"红层"的判断，其"丹霞"用词又较现代早了 300 余年。

目前我国已发现的丹霞地貌区有 350 多处，已列入国家级风景名胜区的有"广东丹霞山、江西龙虎山、四川青城山、安徽齐云山、福建武夷山、福建冠豸山、甘肃崆峒山等；其他较著名的还有桂北湘南的资江八角寨、浙江方岩、江西圭峰、贵州梵净山等；另有河北承德的棒槌山与双塔山也是。

丹霞地貌的形成除了红色的砂砾岩基础外，适当的新构造抬升、构造垂直节理与倾角平缓的岩层均为必要条件。所以并非所有红砂岩地区都可发育为良好的丹霞地貌，还有热带或亚热带的温暖湿润气候也起着较大作用，所以这一类风景区在我国秦岭——大别山一线以北分布很少；而在这一线以南却分布很多，均在大小不一的红色盆地里。红色盆地指分布红层为主、地面相对沉降的地方，红层则一般为红砂岩地层及第四纪红土的统称。红砂岩地层中通常多砂及砾石，并含有一定量的 $CaCO_3$，在物理风化及化学风化的联合作用下，沿着岩石节理逐步掏空与崩坍，便形成独特的侵蚀形态。

丹霞山是广东的 4 大名山之一，位于粤北仁化县城南 9km 处，这里有锦江曲流，赤壁丹崖，四季苍翠，景色幽雅。变化多端的红砂岩地貌，成为"丹霞地貌"的命名地点。

丹霞山是山间盆地洪积相的砂岩、砾岩互层所构成，其中不少地方含砾岩与粗砂岩的透镜体或含有钙质，为加速风化与形成洞穴创造了条件。这套地层总厚达 700m 左右，称为"丹霞层"，时代为早第三纪(E1)。丹霞层岩性固结、坚硬、易透水，而其下部有较不透水的泥页岩系，致丹霞层内水的作用强，易于成景。

丹霞山景区的一大特点是"锦石"遍地。所谓"锦石"是指红砂岩岩层断面上的交错层理，即在沉积过程中因流速变动形成的不规则倾斜层理赤橙相间，美如锦缎。纵贯景区的河流现名锦江，古称"锦石河"；著名岩洞，昔名"锦石岩"，现名锦岩。从大量地名中可见河山锦绣，美如画卷的特色。

8km 流程的锦江两岸，崖壁丘岗有名的有 22 座。最高的是巴寨(海拔 626m)，其次是平头寨(584m)、扁寨(516m)等 11 座。所谓"寨"是指顶部平齐、四壁陡峭的"方山地形"。体积较小的直立岩峰，高的称"岩"，如燕岩(海拔 615m)、锦岩等，矮的称"石"，如人面石(海拔 471m)、八仙石等。丹霞层中发育的洞穴在丹霞山内就有 36 个，其中最大的锦岩，沿砂岩层出现 4 个岩洞，高悬江旁，大大增加了旅游的观赏性，其深度为 6～18m，宽 15～20m。红砂岩地层大多近水平出现，但在盆地边缘则倾角较大，会出现单斜式丘陵(倾角＜30°的地层)。有单斜式山脊，呈长条形，起伏如"龙"，如上天龙山即由此得名，其山脊上散立的岩块，成为象形的"十八罗汉"。

武夷山旅游区位于福建省武夷山市(原崇安县)南约 15km，是绵亘于闽赣边界上的武夷山脉的一部分，为典型的丹霞地貌。武夷山的主峰黄岗尖(又名黄岗山)在该市西北二省边界上，海拔 2158m，为华东大陆的最高峰，为重要的科学考察区，不是丹霞地貌，有别于前者。

武夷山旅游区，方圆近 60km，海拔 169～700m，地势西北高、东南低，其风景由九曲溪为主导的 41 峰、87 岩、63 石、46 洞和 11 洞组成。武夷风景以"曲曲山回转，峰峰水抱流，碧波千姿影，红岩座座桥"的秀丽风光而著称于世，也堪称华南"丹山碧水"的典型（图2-15）。

　　武夷山位于福建西北的崇安盆地内，这是一个断陷倾斜盆地，因沉降中心偏西使盆地内的红色岩层均向西倾斜，倾角多在 20°左右。整个红层时代为 K–E，发育丹霞地貌的岩层为地层最上部的红色砂砾岩。该红色岩层在盆地内的总厚度达 2000 余 m。

图 2-15　武夷山丹霞地貌

　　九曲溪是景区的精华，它直接形成"山回转、水抱流"与山光树影、掩映重叠的美景。九曲溪水来源于砂砾岩含泥甚少，曲流则因二组近正交的格子状节理及地壳上升的作用造成。在峰林地貌形成的同时，也出现侵蚀崩坍的岩块与洞穴等。大洞穴常出现在岩层含砾石密集处或砂砾岩中含厚层泥页岩处，这在大藏峰和小藏峰的岩壁上特别明显。景区里有些高悬的"悬棺"洞穴也是这样形成的，有些洞穴可水平延伸较远，成长条状的"平洞"，显然也与局部岩层的软弱有关。崩坍的岩块也常成为景点，如九曲溪岸边五曲处的试剑石与八曲处的上、下水龟石都是，前者因有交叉节理，后者则因风化后浑圆如龟，所以得名。

　　九曲溪沿岸的岩峰甚多，最负盛名的为二曲处的玉女峰，岩壁鲜红，如插花临水，玉立溪畔，明丽动人，飘然犹如仙子，是游览区的标志景物，它是岩层沿垂直节理被蚀与崩坍后形成。因该峰位处溪流凹岸，至今仍不断被蚀，常有新鲜岩石暴露。与玉女峰隔岸相望的大王峰显得腰阔膀粗、气势雄伟，似有无上权威，由此带来了不少动人的想象与传说。此外晒布岩与隐屏峰等都是在岩石节理的基础上，加上流水侵蚀形成的特殊崖壁景观。

　　1963 年郭沫若游九曲时曾赋诗："九曲清溪绕武夷，棹歌首唱自朱熹，幽兰生谷香生径，方竹满山绿满溪，六六三三疑道语，崖崖壑壑竟仙姿，凌波轻筏舫飞羽，不会题诗也会题"。在怀古之余，着力歌颂了武夷丹霞风光之妙。

　　丹霞地貌在我国北部因气温低、雨水少，发育得远较南方为差，但在河北承德却很典型，分布面积也广，这可能与一定的古气候条件有关，还待研究。

　　承德市位于冀北燕山山地的一个断陷盆地中，燕山地区最大的河流滦河在承德西南东流，其支流武烈河贴城东南流，并在城南汇入滦河，可见承德地势较低，处于群山环抱之中，这符合一般红砂岩常分布于盆地中的规律，也决定了该市林深谷幽、山明水秀的优美环境。该处地层属中生代 J1 – J2，分布甚广。

棒锤山（图 2-16）在武烈河东岸，离市区约 5km，在承德山景中最为动人。在山脊上有一峰矗立，直刺苍穹，雄伟无比。峰高 45m，上粗下细，形如捣衣锤倚天而立，底部连接巨大基岩台座，宽达 83m，高 11m，台座南端面临深沟绝壁。最为奇特的在棒锤峰中段还有古桑一株，至今生长良好，据传为我国今存最早的桑树。这一奇景的形成显然与岩性及岩石节理有密切关系。从桑树的生长还可推断岩层可以透水与含水，可提供桑树生长所需养分，其风化后形成土壤的酸度与孔度等也适合。在棒锤山东南约 500m，隔山谷有一巨石踞于峰巅，状如将跃的蛤蟆，称蛤蟆石，其头部高 14m，石长约 20m，石下有洞如嘴，其中可容数十人，洞内清凉，为该地 10 大胜景之一，与棒锤山一高一低，相映成趣。在承德市区西南 15km 滦河滨岸的岗顶上有两个天然石塔，名双塔山。二者均上大下小，高达 30余 m，有倚天拔地之势，难以攀登。据清代纪晓岚《滦阳消夏续录》云，乾隆 55 年，有人登视，尚有一倾圮石屋，旁种韭两畦，石屋即传称的辽代方形石塔，历史已不可考，成为疑谜。双塔山二塔相距约 7m，实为沿垂直节理风化侵蚀而成。在承德附近还有罗汉山、鸡冠山、僧冠峰等景点，均由红色砂岩或砾岩形成。

图 2-16 棒锤山

江郎山三爿石在浙西江山市西南约 23km 的江郎乡境内，属金衢红岩盆地西端，在钱塘江水系衢江的一个支流江山港上游，山体由白垩纪紫红色砂砾岩所构成。该处在山巅耸列 3块天然奇石，俗称"三爿石"，3 石略成片状，中间隔着平直陡峭的岩壁，中间一峰瘦削扁平，名亚峰；东面粗壮呈圆锥形的名郎峰；西边如笋状的名灵峰。3 峰均高达 260 余 m，极为壮观。灵峰与亚峰之间是一条长 100 多 m，宽仅 4~5m 的幽谷，是全国少有的巨型"一线天"景观；亚峰似一堵直立巨墙，宽约 90 余 m，厚仅 56m，也是全国罕见能巍然屹立千余万年的"危墙"。明代著名旅行家徐霞客在其游记中写道"……始过江山之青湖，山渐合……悬望东支尽处，其南一峰特耸，摩云插天，势欲飞动，问之，即江郎山也。望而趋……，渐趋渐近，忽裂而为二，转而为三。"文中以不常用的"插天"与"飞动"形容江郎山之高耸，所谓"裂为二"、"转为三"，则说明三爿石相距甚近，极易将看为相连的整体，只在一定的角度上方能看见分立的三石。

江郎山海拔 824m，周围方圆 5km，三峰并立，且位于山顶，在全国属绝无仅有。当地居民中有贴壁攀登采药的传统绝技，所赖以踏步的"石钉"竟是红色岩层中突露崖表的砾石，砾石的成分大部是前一地质时期侏罗系地层中火山喷发形成的流纹岩、角砾凝灰岩、熔结凝灰岩等，小者如栗，大者逾人头，都很坚硬。更重要的还在于岩层胶结紧密，较为耐蚀。该山岩层总体向北缓倾，底部倾角约 15°，常有交错层理，近山顶层面接近水平。江郎山目前已开凿有上下两条石阶，并设铁索扶手，帮助游人登山，山顶不再神秘。这也说明岩层坚硬方便于构筑。

浙江省的丹霞地貌景点较著名的还有永康的方岩、天台的赤城山、新昌的穿岩 19 峰、丽水的东西岩、青田的石门洞等，常有多处洞穴、垂直石柱或其他多姿的岩块，还伴有泉水等，这与红砂岩的易受溶蚀，岩层透水，沉积层的多变等有密切关系。据 2000 年 1 月 11 日杭州日报下午版转载《江南游报》消息，中国丹霞地貌研究会在浙江浦江新发现一大片丹霞赤壁奇观，地处龙王山与方家岭之间，面积约 4km^2，海拔 192.7m，红色岩体由胶结紧实的卵石层构成，危峰峭嶂，气象万千。众多高达几十米的丹霞赤壁之间，形成大量狭窄的"一线天"和无数"胡同"，宽的可二人并行，窄的仅 20 余厘米，必横行通过，由此组成一座庞大的迷宫。当沿环山道登顶俯视，则惊心动魄。据专家称，这一景观在全国罕见，极有开发价值。

浙江省离衢州市约 30km 的龙游县凤凰山南麓、衢江与灵山江汇合处的石岩背村，1992 年 6 月发现了一个地下石窟群。据考古学家推测，可能是春秋战国时的遗迹，时代虽未最后肯定，但专家一致同意，至少是在汉代以前。石岩背村所处红砂岩丘陵上，地形起伏不大。在村的四周，自古以来就有很多大小相似的矩形水塘，水清亮明澈，但不能见底，经人工十余昼夜抽水见底，发现是一巨大石窟，宛如地下宫殿。后经进一步勘查，发现在 3.8 km^2 的范围内类似的石窟竟有 24 个之多。窟高均 20m 左右，底部最大面积有 2000m^2。但不管洞窟大小，都有共同点：从顶至底，凿有石阶，入口处很小，窟形均为倒斗状，以 45° 倾斜，自顶中心直至内壁，每窟内均有一些粗大鱼尾状擎柱支撑，浑然一体，极为壮观。擎柱多则 4 根，少则一根，均由天然岩体，留凿而成，最粗的擎柱周长近 10m。各洞窟内的凿痕十分整齐，均呈一尺左右宽距，平行排列，且纹理细密，平如刀削，凿点有序划一，尤可称奇的是：在已清理的 7 个洞窟内，无一道凿痕相交，并呈弧形展开。

石窟经各地专家不断考察研究，迄今留下大量不解之谜。关于施工方面的：先民如何在狭小洞口内采光？石窟之间彼此可紧贴但绝不相通，壁距近者仅 50cm，如何精确测量？据估所开石料多达万 m^3 以上，去处何在？洞壁发现少量鸟、鱼、马等图案及划纹，寓意何在？每一窟底建有面积约 20m^2 的水池，何用？石窟洞口均朝向西南，可纳午后阳光，何意？整个扇形石窟群中心的 7 个石窟，呈北斗七星状，涵意何在？其他谜团还有：为何不见史料记载? 为何窟内几不见文物? 平日有鱼, 为何抽干却不见鱼? 关于洞窟的用途也至今众说纷纭, 计有: "单纯采石"说、"多种目的采石"说、"墓穴群"说、"地下仓库"说、"道家福地"说、"伏龙治水"说、"矿寇所居"说、"外星文明"说、"藏军"说等, 但无一能自圆其说。由于大量疑谜及石窟规模难以想象之庞大, 权威人士认为有可能成为与古埃及金字塔及我国古长城、兵马俑等齐名的世界第九大奇迹!

龙游石窟群海拔 40~80m 之间, 多数为 60~70m, 附近水面与石窟的高差 10m 至 30m 不等, 石窟距江边 200~500m 不等, 估计洞内水与江水并不连通, 因未见水面同时涨落。但这一红砂岩地层(属白垩纪衢江群)有一定的透水性, 因群众反映地面稻田灌水后, 极易全部漏光, 但岩层的透水性不强, 因石窟可以长期存水。从新构造运动分析, 这里是轻微上升区, 因为近江没有滩地, 且红砂岩上部的第四系沉积已全被蚀去, 地壳近期比较稳定, 因其中构造变动或裂隙不明显。岩石本身并不坚硬, 砂砾被胶结不太密实, 尤其在地下含水的状态下易于加工。这些地质学分析对探索石窟的营建可能有些参考价值。对石窟的深入研究, 显然对多种学科及旅游开发都有重大意义。

四、石灰岩地貌

一般岩石在地表环境里多物理风化与化学风化同时并进, 常大块变小块、小块变碎屑。而石灰岩却以 $CaCO_3$ 的溶解流失为主, 它的进行又以 CO_2 的参与为重要因素, 其反应如下:

$$CaCO_3 + CO_2 + H_2O \Longrightarrow Ca(HCO_3)_2$$

当土壤及大气中 CO_2 不断补充于地下水时, 溶蚀持续进行, 上式反应右行, 钙质溶解流失; 反之 CO_2 减少, 反应左行, $CaCO_3$ 又可发生沉淀。这是石灰岩地区产生千姿百态景物的主要原理。化学风化的结果是形成石灰岩的岩溶地貌, 包括各种溶蚀、陷落以及再沉积所造成的种种地质现象。岩溶也叫喀斯特, 由于这种地质现象在地中海北岸南斯拉夫与意大利交界地区的喀斯特高原很发育, 因而得名。这一名词在世界各国通用已久, 我国也使用较多。实际上我国的岩溶规模与发育程度都胜过欧洲, 解放后的第二次全国喀斯特学术会议上已建议将喀斯特一词改称"岩溶"。

岩溶地貌的发育条件是: 大片以石灰岩为主的易溶岩石分布、高温多雨的气候、一定的区域性构造断裂和新构造上升运动等地质条件。我国以西南地区云、贵、桂等地发育最好, 相反在北方发育较差。岩溶地貌是重要的旅游资源, 其构成包括溶蚀与再沉积二类, 但二者经常交叉复合出现。

地表岩溶发育的初期状态是溶沟和石芽, 当水流沿岩石裂隙或稍低处不断溶蚀, 可成溶沟; 溶沟之间则为石芽, 可成脊状或柱状, 形态与规模不一。我国有很多著名的假山石, 都是溶蚀后的石灰岩, 又通称太湖石(因产于太湖边而得名), 其周身都以遍布美丽的溶沟、石芽及溶洞等而成为珍品。太湖石以造型取胜, "瘦、皱、漏、透"是其主要审美特征, 形状各异, 姿态万千, 通灵剔透, 是古代和现代园林的主要造景岩石。

沿着石灰岩内原生的孔隙或裂隙, 地下水长期溶蚀并逐渐扩大, 形成了各种形状与大小的洞穴及其间的通道。如果裂隙是直立的, 会形成竖井式的落水洞, 也称天坑; 如果裂缝曲折深入地下, 就形成弯曲复杂的洞穴。这些地下溶洞的发育和地壳升降及水位变化有密切关系, 所以各地情况不尽相同。各个洞穴可以相互联通, 如果洞穴里多水还可形成地下湖, 当水流经常流动, 则成为地下暗河(图 2-17)。暗河与地面河流还可相互转换, 即水流时而地上、时而地下，依地形发展而变。当地面河流的河水漏入地下而逐渐变干时，则成为干谷。有地下暗河的旅游点，能增加乐趣，提高观赏价值，如江苏宜兴的善卷洞、浙江兰溪的六洞山都能在暗河中行船，又如浙江桐庐的瑶琳仙境部分地方和杭州水乐洞大部，则因过去的暗河又转入地下，留有较平直的水平洞穴，可供观赏。地下的溶洞在继续溶解、冲刷、扩大时，石灰岩常沿层面或节理逐渐向下崩坍，当产生巨大塌陷时，将留下岩溶湖泊、天生桥、拱门等天然景物。四川南部叙永县至云南威信县的公路上，有一个较大的岩溶天生桥，被作为公路的桥梁通过，在此桥下面还另有一个溶洞塌陷的拱门，有长江支流黄泥河从此通过，引起大量游人的兴趣。又如广西桂林漓江边著名的象鼻山，也是溶洞塌陷造成。

　　　　岩溶作用的沉淀物最常见的是 $CaCO_3$，因水的温度、压力变化而析出，悬于洞顶的叫钟乳石，立于洞底的称石笋（图 2-18），二者上下相连则为石柱（图 2-19），这些成为洞穴内的重要景物，并因其形状变化而有多种人或物的象形，增添无穷想象与乐趣。这些沉淀物如填充在岩石裂隙中则成为方解石脉或石英脉，如金华双龙洞内头顶上方有"青龙"与"黄龙"各一条，被编出动人传说，实际上是含化学物质不同的两条岩脉。在泉水出口处的疏松沉积物为石灰华（$CaCO_3$）或硅华（SiO_2），常见于温泉附近。山西娘子关盛产"上水石"，水可从下往上受毛细管力牵引，

图 2-17　石莲花及地下暗河

适宜制做有苔藓生长的假山，就是石灰华。云南中甸县的白水台石灰华形成层层阶梯状（图 2-20），并有美丽花纹。四川康定的石灰华规模最大，竟成了半个城市的基底。

图 2-18　石笋

图 2-19　石柱

　　从较大范围看，石灰岩的溶蚀地形还有：石林，是无数高度相似的独立山峰组成；坡立谷，又称岩溶盆地或岩溶平原，常谷底平坦，并有河流穿过；峰丛、峰林与孤峰（图 2-21），指不同密度在石灰岩山地或高原面上的溶蚀残迹，这三者是逐步溶蚀程度加深的

结果。

图 2-20 石灰华

我国岩溶地区发育良好的主要在南方，因为气候炎热多雨。如广西年均温在20℃以上，年雨量超过1500mm；石灰岩类岩层发育完善，岩层总厚度达3000～5000m，面积占全自治区的41%；岩性纯且多为厚层，均最利于岩溶的发育。其发育最完美处常在地质构造薄弱、多裂隙的地带。广西的岩溶地貌类型从西北部的百色、田东一带向东南经过南宁，再达玉林附近，有峰丛、峰林、孤峰及残丘等几个集中区，其相对高度从600m、300～400m、50～100m 直至50m 以下，地势逐渐开阔。桂林山水以峰林地貌为主，漓江边的伏波山与附近的独秀峰则均属孤峰。以上地貌是不同的发展阶段，实际上它受新构造运动控制。广东是岩溶较少的地区，但也有较少的峰林，如肇庆的七星岩。湘粤交界处也有峰林，如江华县等处，台湾的岩溶地貌在南部恒春及高雄等地，因时代新，发育较差。

图 2-21 峰林地貌

　　我国西南地区在云南弥勒、路南与南盘江之间的分水岭地带，是国内保存最好的岩溶平面，其发育与古热带气候及地壳运动有关，所以路南石林（图2-22）成为著名的胜景，在宜良、弥勒、个旧等地都有石林与岩溶地形。贵州南部大致在贵阳以南，岩溶地貌发育，其密集的峰林、峰丛和深陷的圆洼地以向广西盆地过渡的斜坡地带最为明显，景点也多。

图2-22　云南路南石林

　　我国中部长江两岸也有岩溶发育，但一般程度较弱，因地表坡度极陡，降水渗入地下较少所致。两湖地区也有一些名洞名景，如奉节天井峡地缝深达200m以上，宽度仅数米，是目前世界上已发现的最深最狭的地缝式岩溶峡谷（嶂谷）奇观，这条地缝全长5.5km，缝口宽10~30m，底宽1~15m，深150~229m。湖南冷水江波月洞洞中有一块大顽石，表面布满深槽，槽深1余m，是地下水上涨时溶蚀而成，这种网格槽沟保存之完美，在国内独一无二。湖南宁远紫霞洞的外洞，有层层紫红与黄绿色砂页岩构成的顶与壁，在阳光照射下，紫光灿烂夺目，有如瑰丽晚霞。该洞内有唐宋诗人在长230m、高10m的石壁上留有200余首题刻，明代徐霞客曾在该洞"炊粥就枕"三天三夜，传为佳话。又如湖北利川腾龙洞是我国目前已发现的最长石灰岩溶洞之一，总长达39km（一说为33.52km），其中旱洞长22km，水洞长17km，估计全洞穴系统总长将超过70km。

　　岩溶在我国北方因气候较冷、雨水较少，发育远不及南方。地表岩溶形态如大型洼地与落水洞等一般不发育，而以岩溶泉及干谷为主，大型洞穴及暗河也不像南方那样广泛；而且有岩溶发育的地方，如吉林、辽宁、河北、山东等地均集中于东部沿海一带，说明湿润气候的必要性，但也有少数著名的溶洞。在山地与平原或盆地相接触处，常有大型岩溶泉出露，如鲁中南的边缘岩溶泉有27处之多，有些成为河流的源头，如小清河即发源于济南泉群。山西高原的石灰岩面积达$6000km^2$以上，在其山前地带或深切河谷中常有大型泉，如太行山东麓的娘子关泉、太原的晋祠泉、临汾的龙子祠泉等都是。

　　辽宁本溪水洞位于太子河畔，西距本溪市35km，是世界上已发现最长的石灰岩充水溶洞，为国家级风景名胜区，共有景点百余处。作为该洞主体的九曲银河洞全长3000m，总面积3.6万m^2，终年有水，清澈见底，平均水深1.5m，最深可达7m。该洞位于太子河复向斜核部，地层为下奥陶统的砾屑灰岩，区域性断裂促成溶洞的发育。近期在水洞上端又发现十里暗河新洞段，隐伏暗洞长达3200余米。

　　吉林吊水壶溶洞群位于长春市山河镇的老道洞山顶，分布着天井、石缸、洞穴等溶洞群。主洞天井洞为一落水洞，直径 2.5m，深达 35m；另一处通天洞洞内有 32m 高的悬梯如巨龙盘旋而下，国内外十分罕见。

北京房山石花洞群座落在距城区 55km 的房山区河北庄乡，为我国华北少见的巨大洞穴系统，也是我国洞层最多的溶洞之一，并有我国溶洞中最大的石幔。溶洞上下共分 7 层，1 至 5 层洞道长 2500m，而总长达 3000m；6 至 7 层为地下暗河，洞宽 6～8 m，窄处只可一人通过，全洞有大小支洞 60 余个之多。

本区的石灰岩名洞还有河南新密雪花洞、山东淄博礁岭洞、北京上方山云水洞等。

青藏高原的岩溶发育于海拔 4000m 以上的高原上，目前所见多为低矮的峰林及竖井或是岩溶泉与石灰华等，这些多是第三纪古气候使石灰岩风化的结果，现在只是遭进一步破坏后的残迹，但因形态特殊，不失为一可供观赏的地理景观。例如在珠峰地区亚里附近波曲河的阶地上，有岩溶泉及扇形石灰华沉积；珠峰北麓海拔 4800～5000m 的遮普惹山等地有峰林残迹；青海日月山以西去黄河源的途中有小规模溶洞与岩溶地形，以景观特殊，地名被称为"花石峡"。

桂林山水素来驰名中外，它有碧莲玉笋般的万点尖山、有幽深神奇的洞天世界、有清澈见底并绿如宝石玉带的一江清水，山、洞、水三者被称为桂林三绝。唐代大文豪韩愈有"江作青罗带，山如碧玉簪"的名句，实际上这些均得益于石灰岩的特殊风化结果。

桂林岩溶景区位于广西东北部，在地貌上是一个巨大的岩溶盆地，漓江以南北向贯穿盆地中部。盆地边缘例如在东侧的分水岭高达海拔 700 m 左右，较盆底高出 500m 左右，自高而低分布着 5～6 级的阶梯状剥蚀面，每级有不同程度的岩溶地貌发育。整个石灰岩山地与盆底，溶洞密布、暗河交错，构成一幅秀丽、壮观的山水画卷。室外景点以桂林至阳朔的漓江两岩最为集中。

桂林市在岩溶盆地中心，漓江之畔，是桂林山水的精华，漓江两岸属于溶蚀残遗的孤峰地区，常有孤峰峭拔，风景奇秀，其中尤以独秀峰、伏波山和象鼻山为著名。独秀峰如一支擎天巨柱，在市内高达 60 余 m，柱上有"南天一柱"四字巨形题刻及其他有关历史刻记，登峰可俯瞰全境；优波山孤峰挺秀，半枕江岩，确有"城边一峰拔地起，嵯峨俯瞰漓江水，江流到此忽一折，百道滩声咽舟底"的美妙意境。象鼻山形象逼真，犹如巨象长鼻在江畔吮吸清流。1963 年陈毅元帅游桂林有诗一首："桂林阳朔一水通，快轮看尽千万峰。有山如象鼻，有山似飞龙，有山如军舰，有山似芙蓉，有山如卧佛，有山似书童。有山如万马奔驰，有山似牛女相逢，有山如玉女梳妆，有山似耕作老农。有山如将军升帐，有山似左右侍从。千仪万态看不足，但凭摹拟每每同……"这就是"几程漓水曲，万点桂山尖"的漓江风光真实写照。

明代地理学家徐霞客对岩溶现象有详细考察与记录，他指出桂林"无山不洞，无洞不奇。"这里不仅山山有洞，而且常从山脚到山顶溶洞遍布，犹如多层楼阁，这是在地壳上升过程中逐步溶蚀的结果。如著名岩洞七星岩，洞分 3 层，游程 800 余 m，下层为现代地下河，长年流淌，各处溶洞都有千姿百态的石钟乳、石笋与石柱等物，未经彩灯映照，其颜色也变化很多，堪称五彩缤纷。位于市区西北光明山南侧山腰的芦笛岩，系解放后新开发的岩洞，其中景物保存好，变化多，规模大，紧凑集中，被誉为"大自然艺术之宫"，游人无不赞叹不已。

"桂林山水甲天下，阳朔山水甲桂林，阳朔风景在兴坪"，这是游人多年来赞美的传言，也无怪徐霞客对桂林情有独钟。在阳朔有座名山碧莲峰，峰下有名洞碧莲洞，洞内壁上有徐霞客的亲笔题刻，十分珍贵，至今保存完好。这一题词虽短，但说明他已查明山下洞穴可分八门，妙在不直接相连，而是勾搭相通，更妙在既弯曲，又通畅，生动地描绘了石灰岩地区溶洞的特殊形态。作者特地查阅了《徐霞客游记》，在"粤西游日记一"中，果有 5 月 24 日在阳朔攀登考察岩洞八门的记录，虽当时还没有"碧莲洞"的名称，但逐门考察的过程，描写详尽，说明就是题刻的当日与当地，游记中并说在一洞门上崖边休息时，有"飘然欲仙……，此亦人世的极遇矣"之句，表明了他对桂林山水的无比赞美。

在云南昆明市东南 126 km 的路南彝族自治县境内，就是名闻中外的路南石林（图 2-24）。石林面积广达 2.7 万 hm²，常供游览的中心区也达 80hm²。在区内约 1km 的游程上，一片奇峰林立，高的 20～30m，低的 5～10m，有的孤峰高耸，有的众柱成簇成行，重重叠叠，千姿百态，形象变化无穷。在诸景中以"母子偕游"、"犀牛望月"、"双鸟夺石"以及"阿诗玛"等最为著名与引人入胜。

石林是一种古岩溶地貌的巨型石芽和溶沟，它是在古生代末期二叠系相对纯质石灰岩的基础上，经过强烈湿热气候作用，溶蚀而成。当攀上较高位置眺望全景时，可见成群整齐的石柱顶部高度相似，这就是古老剥蚀面被构造裂隙及凹槽大量分割所成，V 形峡谷状溶沟和苗壮石芽也随之出现。其地质条件还有云南高原大幅度地壳抬升；岩层层面接近水平，多在 10° 以内，致崩塌不易产生；地层上部曾被第三系岩层覆盖而受到保护，石灰岩暴露较晚，由此方促成国内外少有的石林奇观。

石林景区内容丰富多彩，有大叠水瀑布、秀丽的溶蚀湖长湖、深浅不一的洞穴、地下暗河、石柱间令人迷罔的迷宫、"古战场"、"石监狱"等等。路南石林的石柱一般高 3～20 m，国内罕见。20 世纪 90 年代后期在该处东北约 20 km 处，又发现一处面积更大的石林区，最高石柱高达 40 余 m，亦位于高原面上一个浅碟状洼地中，正引起各方关注。

长江下游区石灰岩地层分布零星，没有大规模的岩溶地貌，但也有若干名洞在局部发育。这里的石灰岩山地多呈残丘状，分布于溶蚀平原之中，例如太湖南岸若干原被蚀平的石灰岩准平原已被深埋于新生代沉积物之下。

善卷洞在江苏宜兴西南 25 km 的螺岩中，分上、中、下、水 4 洞。全洞面积约 5000m²，中洞大厅恒温 23℃左右，洞底有大小地潭，洞口二侧飞石耸立如雄狮猛象。下洞与水洞是一条小型地下河，深 4.5m，水中可行船，有 3 个弯曲，壁上还有题刻，环境幽雅宜人。洞内面积约 3000m²，游程约 1000m，特点是洞中有洞，洞内套洞，大洞包小洞，一洞又一洞，大小洞穴多达 72 个，全洞精华为海王厅，云雾缭绕，奇岩倒挂。灵谷洞在阳羡茶场境内，距市区 30km，洞长 1200m，面积 1800m²，以洞中有山、绚丽多姿见称，其中以第四厅的一道石瀑自穹顶喷射而出，直泻洞底，如长虹垂地，最具特色，该瀑四周云雾浮动，十分迷人，以上 3 洞合称"宜兴三奇"。

江西省溶洞因地层特点而集中在北部，孽龙洞距萍乡市区 15 km，在北部杨岐山下，主洞全长 4000m，沿 SW 向构造线发育，洞中有 4 个飞瀑，尤其是其中"洞天飞瀑"一景，似银河倒泻，极为壮观，该瀑高 9m，瀑后还有水帘洞。孽龙洞内泉眼密布，地表出露 8 处，洞内流淌的达 30 多处，表明岩溶作用仍在剧烈进行。江西婺源灵岩洞群在婺源县西北约 60 km 处，已探明洞穴 31 处，其中以涵虚洞、卿云洞、莲花洞等最为著名，最大特点是洞壁上保留历代名人题刻及墨迹达 2000 多处。从唐代至晚清，以宋代抗金名将岳飞、宗泽及理学大师朱熹等人题刻最为珍贵，其中涵虚洞共有 7 层，越往下洞体越大，底层有地下河可以泛舟，说明该地在地壳上升过程中，岩溶作用不断加强，富有研究价值。

本区洞穴较著名的还有江西彭泽龙宫洞、安徽广德太极洞、安徽石台蓬莱仙洞等，都有相当的规模与瑰丽的景物。

浙江的石灰岩地层均集中在西北部，并有地质构造规律，所以岩溶洞穴均按 NE 方向排列于杭州至江山一线。

金华市北 15 km 处的北山，又名金华山，其东南坡有国家级双龙风景名胜区，有双龙、冰壶、朝真 3 个不同高度的溶洞，总称金华洞。

双龙洞是水平溶洞，海拔 375m，由内洞与外洞组成。外洞高 6.6m，宽深各 33m，面积 1200m²，洞底左侧有一条从山腹流出的小溪，是沟通内外两洞的惟一通道，该溪长约 12m，宽约 3m，清澈可人。水面离进洞处岩石仅高 0.5m，游人须平卧小船方能进洞，颜面会擦崖而过，此种险趣，十分罕见。前人有妙趣横生的游览诗："洞中有洞洞中泉，欲觅泉源卧小船，上船莫嫌洞口小，逆水而上别有天。"另有诗句："千尺横梁压水低，轻舟仰卧入回溪"，都是生动的描述。内洞比外洞大近一倍，面积 2200m²，岩溶景观奇特、布局巧妙，景点内容大多是有关龙或神仙的传说。过去游毕内洞还须再仰卧小舟出洞，后来将内洞与冰壶洞凿穿，可以往冰壶洞参观而出。

冰壶洞洞口朝天，海拔 445m，以口小、腹大似壶而得名，特点是东侧洞壁有瀑布，落差达 20m，其声在洞内轰轰如雷，且终年不竭。瀑布流量旱季 15 L/s，雨季可达 200 L/s，气势雄伟。

朝真洞是水平溶洞和竖式落水洞的结合体，在冰壶洞东北 1 km 的高峰下，海拔 645m。洞口朝西，前临深壑，背倚青峰，主洞长 140m。洞内基本无光，但有一处"一线天"，是流水长期在断层交会处溶蚀形成的缝隙；洞内还有一处终年不涸的"天池"。全洞的形成及多处景点，据考察是在断层的基础上经溶蚀而成。

金华北山现已探明大小溶洞有 50 多个，大致分布在与上述 3 个洞相当的 3 个高度上，其中还应一提的：双龙洞东北约 2 km 处的仙瀑洞内有一个落差达 73m 的飞瀑。北山是一个整体，从东北优游洞至兰溪的六洞山，是一条长 25 km 的石灰岩溶洞带。

灵栖洞位于建德市石屏乡铁帽山麓，在新安江镇西南 35 km，是一处以溶洞为主，泉、洞、风、石并茂，环境优美的游览地。因景物生动，多次被选为《西游记》、《封神榜》等影视片的外景地。景区地层属中石炭统黄龙石灰岩，质纯层厚，利于岩溶发育。现景区包括 3 个溶洞与一处石林。灵泉洞以水景见长，洞口海拔 141m，居于下层的暗河长逾 800m，在暗河中乘船，可历经"九曲"，穿过洞中"小三峡"，再到达一高敞洞厅中的地下湖，湖面广达 600 余 m²。清风洞在灵泉洞上方，奇在终年均有轻风吹出，风速在 2m/s 上下，这是多变的溶洞中特殊的空气对流所造成。霭云洞在清风洞北约 800m，是总面积逾万平方米、落差达 80 余米的倾斜溶洞，因洞口常"雨将至则云气霭然"而得名。该处洞口朝上，利于洞外冷空气内沉，而洞内湿热空气又会外溢，遇冷凝结成雾霭，冉冉上升，可成高达 10 余米的蘑菇云状气柱。再经东南阳光照射，成为七彩云团奇景。本景区还发育有"石林迷宫"，石林面积达 5 万余平方米，这在江南一带少见。归纳以上诸景均与本处地质构造复杂，致岩层产状多变有关。

浙江的岩溶景区甚多，在命名上与全国其他地方一样，常以龙、龙宫、仙、仙境、云、水、灵山等带神秘色彩的字眼为多；所属地层大多为上古生代石炭至二叠纪为多；地形大都为低矮丘陵；景物一般为溶洞、石笋、钟乳石、石灰华等为主，间或有泉与瀑或石帘等。

湖州有一规模不大的溶洞黄龙宫，其中有 80～90 条长、宽、高与大小不一的响石，受击后能产生类似古代编磬音乐，形状各异。据研究，也并非次生空心的钟乳石，而是石灰岩蚀后的实心残片。由这套响石奏出的音乐曾在中央人民广播电台播放，并由上海科教电影制片厂摄成影片放映，引起各界轰动。黄龙宫在湖州市北 9km，北距太湖 4 km，在海拔 184m 的黄龙山东南麓，其岩溶显然与古太湖水水面波动有关。

杭州灵山幻境在西湖区周浦乡灵山村，是诸多溶洞中最好的大型水平、竖井式多层溶洞，高达百余米。洞中有一处壮观的飞瀑，其下还有一潭神秘的碧水及诸多配合的景物，十分有趣。该洞群的南侧有风水洞，距钱江河床很近，近期是抽出洞下层积水方得开发，该洞的地下河两侧有大量砾块，其中石英砂岩很多，说明水来自附近地势稍高的大湖盆地，石英砂岩为泥盆系沉积。从灵山幻境与风水洞诸处的裂隙、断崖、破碎岩体甚多，说明岩溶发育与构造运动有关。

瑶琳仙境位于桐庐县境，富春江畔，离杭州 82 km，距桐庐县城 25 km。该溶洞分 7 大洞厅，包括过渡型的，峡谷廊道式的及地下河管道式的，景点多，变化大，处处山水宜人。最为珍贵的是：在 5mm 厚的方解石被膜层下能找到隋唐时代的楷书墨迹；厚 6cm 的古炭屑层上已覆盖数层白色方解石，并已长出高 45cm 的石笋，据中国科学院地理所测定，炭屑年龄距今 2987 年，是西周时代有人来洞烤火的遗迹。这些都是极好的研究资料。

第三章 土壤生物

第一节 土壤动物

土壤动物指长期或一生中大部分时间生活在土壤或地表凋落物层中，并对土壤能产生一定影响的动物。它们直接或间接地参与土壤中物质和能量的转化，是土壤生态系统中不可分割的组成部分。土壤动物通过取食、排泄、挖掘等生命活动破碎生物残体，使之与土壤混合，为微生物活动和有机物质进一步分解创造了条件。土壤动物活动使土壤的物理性质(通气状况)、化学性质(养分循环)以及生物学性质(微生物活动)均发生变化，对土壤形成及土壤肥力发展起着重要作用。

一、土壤动物的分类及主要的土壤动物介绍

土壤动物是陆地生态系统中生物量最大的一类生物，门类齐全、种类繁多、数量庞大。在土壤中，它们与植物、土壤微生物组成土壤生态系统，三者相互作用、相互影响。土壤动物的分类有多种类型，下面列举较常见的4种分类方法。

(一)土壤动物的分类

1. 系统分类

表3-1 主要的土壤动物门类

门	纲
原生动物门	
扁形动物门	涡虫纲
线形动物门	轮虫纲、线虫纲
软体动物门	腹足纲
环节动物门	寡毛纲
节肢动物门	蛛形纲、甲壳纲、多足纲、昆虫纲
脊椎动物门	两栖纲、爬行纲、哺乳纲

2. 按体形大小分类

(1)小型土壤动物，体长在0.2mm以下，主要包括鞭毛虫、变线虫等原生动物，及轮虫的大部分和熊虫、线虫等。

(2)中型土壤动物，体长0.2～2mm，主要有螨类、拟蝎、跳虫等微小节肢动物，还有涡虫、蚁类、双尾类等。

(3)大型土壤动物，体长2～20mm，主要有大型的甲虫、蟓象、金针虫、蜈蚣、马陆、蝉的若虫和盲蛛等。

(4)巨型土壤动物，体长大于20mm。脊椎动物中，有蛇、蜥蜴、蛙、鼠类和食虫类的鼹鼠等；无脊椎动物中，有蚯蚓和许多有害的昆虫(包括蝼蛄、金龟甲和地蚕等)。

3. 按食性分类

分为落叶食性、材食性、腐植食性、植食性、薜苔类食性、菌食性、藻食性、细菌食性、捕食性、尸食性、粪食性、杂食性和寄生性土壤动物。

4. 按土壤中生活时期

分为全期土壤动物、周期土壤动物、部分土壤动物、暂时土壤动物、过渡土壤动物和交替土壤动物。

(二)重要的土壤动物介绍

土壤动物的种类和数量令人惊叹，难以计数。这里仅介绍几种对土壤性质影响较大，且它们的生理习性及生态功能较为人类熟知的优势土壤动物类群。

1. 原生动物

原生动物是生活于土壤和苔藓中的真核单细胞动物，属原生动物门，相对于原生动物而言，其他土壤动物门类均称为后生动物。原生动物结构简单、数量巨大，只有几微米至几毫米，而且一般土壤有 $10^4 \sim 10^5$ 个/g 原生动物，在土壤剖面上分布为上层多，下层少。已报导的原生动物有 300 种以上，按其运动形式可把原生动物分为 3 类：①变形虫类(靠假足移动)；②鞭毛虫类(靠鞭毛移动)；③纤毛虫类(靠纤毛移动)。从数量上以鞭毛虫类最多，主要分布在森林的枯落物层；其次为变形虫类，通常能进入其他原生动物所不能到达的微小孔隙；纤毛虫类分布相对较少。原生动物以微生物、藻类为食，在维持土壤微生物动态平衡上起着重要作用，可使养分在整个植物生长季节内缓慢释放，有利于植物对矿物质养分的吸收。

2. 土壤线虫

线虫属线形动物门的线虫纲，是一种体形细长(1mm 左右)的白色或半透明无节动物，是土壤中最多的非原生动物，已报道种类达 1 万多种，土壤的线虫个体数达 $10^5 \sim 10^6$ 条/m^2。线虫一般喜湿，主要分布在有机质丰富的潮湿土层及植物根系周围。线虫可分为腐生型线虫和寄生型线虫，前者的主要取食对象为细菌、真菌、低等藻类和土壤中的微小原生动物。腐生型线虫的活动对土壤微生物的密度和结构起控制和调节作用，另外通过捕食多种土壤病原真菌，可防止土壤病害的发生和传播。寄生型线虫的寄主主要是活的植物体不同部位，寄生的结果通常导致植物发病。线虫是多数森林土壤中湿生小型动物的优势类群。

3. 蚯蚓

土壤蚯蚓属环节动物门的寡毛纲，是研究得最早(自 1840 年达尔文起)和最多的土壤动物。蚯蚓体圆而细长，其长短、粗细因种类而异，最小的长 0.44mm，宽 0.13mm；最长的达 3600mm，宽 24mm。身体由许多环状节构成，体节数目是分类的特征之一。蚯蚓的体节数目相差悬殊，最多达 600 多节，最少的只有 7 节，目前全球已命名的蚯蚓大约有 2700 多种，中国已发现有 200 多种。蚯蚓是典型的土壤动物，集中生活在表土层或调落物层，因为它们主要捕食大量的有机物和矿质土壤，因此有机质丰富的表层蚯蚓密度最大，最高可达平均170 多条/m^2。土壤中枯落物类型是影响蚯蚓活动的重要因素，不具蜡层的叶片是蚯蚓容易取食的对象(如榆、柞、椴、槭、桦树叶等)，因此，此类树林下土壤中蚯蚓的数量比含蜡叶片的针叶林土壤要丰富得多(柞树林下 294 万条/hm^2 蚯蚓，而云杉林下仅 61 万条/hm^2)。蚯蚓通过大量取食与排泄活动富集养分，促进土壤团粒结构的形成，并通过掘穴、穿行改善土壤的通透性，提高土壤肥力。因此，土壤中蚯蚓的数量是衡量土壤肥力的重要指标。

4. 弹尾和螨目

弹尾(又名跳虫)和螨目同属节肢动物门的昆虫纲和蛛形纲，是土壤中数量最多的节肢动物(分别占土壤动物总数的54.9%和28%)，它们是我国森林土壤中干生中型动物的主要优势类群。跳虫一般体长1～3mm，腹部第4或第5节有一弹器，目前已知2000种以上，主要生活于土壤表层(0～6cm最多)，土壤内可多达2000尾/m^2。绝大多数跳虫以取食花粉、真菌、细菌为主，少数可危害甘蔗、烟草和蘑菇。螨目的主要代表是甲螨(占土壤螨类的62%～94%)，一般体长0.2～1.3mm，主要分布在表土层中，0～5cm土层内其数量约占全层数量的82%，而在25cm以下则很难找到。大多数甲螨取食真菌、藻类和已分解的植物残体，在控制微生物数量及促进有机质分解过程中起着重要作用。

土壤中主要的动物还包括蠕虫、蛞蝓、蜗牛、千足虫、蜈蚣、蛤虫、蚂蚁、马陆、蜘蛛及昆虫等。

二、土壤动物与生态环境的关系

(一)生态环境对土壤动物的影响

土壤是复杂的自然体，生活在土壤中的动物群落受多种环境因素的影响，包括土壤性质(土壤温度、土壤湿度、土壤pH值、有机质、土壤容重、凋落物数量和质量、土壤矿质元素以及污染物质含量)、地上植被、地形和气候等。因此，土壤动物的群落结构随环境因素和时间变化呈明显的时空变化。空间变化表现为：①水平变异。土壤动物群落随植被、土壤、微地貌类型与海拔高度以及人为活动等因素的变化，呈现出群落组成、数量、密度和多样性等的水平差异。自然植被改为耕作土壤后，土壤动物的种类和数量明显减少，显示植被类型对土壤动物群落水平结构的巨大影响。王宗英等对皖南农业生态系统调查发现，土壤的动物群落多样指数H(香农指数)：菜地>次生林>灌丛>人工杉林>旱地>菜园>稻田>果园。②垂直变异。主要表现在土壤动物的表聚性特征，土壤动物的种类、个体数、密度和多样性随着土壤深度而逐渐减少。土壤动物的时间变化主要表现为季节变异，土壤动物的季节变化与其环境的季节性节律密切相关。在中温带和寒温带地区，土壤动物群落种类和数量一般在7～9月达到最高，与雨量、温度的变化基本一致，而在亚热带地区一般于秋末冬初达到最高(11月)。

(二)土壤动物的指示作用

生活于土壤中的动物受环境的影响，反过来土壤动物的数量和群落结构的变异也能指示土壤生态系统的变化。土壤动物多样性被认为是土壤肥力高低及生态稳定性的有效指标。土壤中某些种类的土壤动物可以快速灵敏地反映土壤是否被污染以及污染的程度，例如分布广、数量大、种类多的甲螨，有广泛接触有害物质的机会，所以当土壤环境发生变化时有可能从它们种类和数量的变化反映出来；另外，线虫常被看作生态系统变化和农业生态系统受到干扰的敏感指示生物。土壤动物多样性的破坏将威胁到整个陆地生态系统的生物多样性及生态稳定性，因此，应加强土壤动物多样性的研究和保护。

第二节　土壤微生物

土壤微生物是指生活在土壤中借用光学显微镜才能看到的微小生物。包括细胞核构造不完善的原核生物，如细菌、蓝细菌、放线菌，和具完善细胞核结构的真核生物，如真菌、藻类、地衣等。土壤微生物参与土壤物质的转化过程，在土壤形成和发育、土壤肥力演变、养分有效性以及污染物降解等方面起着重要作用。

　　由于植物残体是土壤微生物营养和能量的主要来源，因而肥沃土壤和有机质丰富的森林土壤微生物数量常较多，缺乏有机质的土壤中微生物数量较少。表3-2是我国常见几种土壤类型中的微生物数量。

表3-2　我国不同土壤微生物数量(10^4 个/g 土)

土壤	植被	细菌	放线菌	真菌
黑土	林地	3370	2410	17
	草地	2070	505	10
灰褐土	林地	438	169	4
黄绵土	草地	357	140	1
红壤	林地	144	6	3
	草地	100	3	2
砖红壤	林地	189	10	12
	草地	64	14	7

（据《中国土壤》，1987）

一、土壤微生物的营养类型和呼吸类型

（一）土壤微生物的营养类型

根据微生物对营养和能源的要求，一般可将其分成4大类型。

1. 化能有机营养型

化能有机营养型又称化能异养型，这类土壤微生物需要有机化合物作为碳源，通过氧化有机化合物来获取能量。土壤中绝大部分细菌和几乎全部真菌都属于这个类型，这类微生物是土壤中起主导作用的微生物。

2. 光能有机营养型

光能有机营养型又称光能异养型，其能源来自光，但需要有机化合物作为供氢体以还原 CO_2，并合成细胞物质。如紫色非硫细菌中的深红红螺菌（*Rhodospirillum rubrum*）可利用简单有机物作为供氢体。

$$CO_2 + (CH_3)_2CHOH \xrightarrow{\text{光能}} (CH_2O) + (CH_3)_2CO$$

3. 化能无机营养型

化能无机营养型又称化能自养型，这类土壤微生物以 CO_2 作为碳源，再从氧化无机物中获取能量。这类微生物虽在土壤中种类不多，但它们在土壤物质转化过程中起着重要作用。属于这一类的土壤微生物主要有：亚硝酸细菌、硝酸细菌、硫氧化细菌、铁细菌和氢细菌等。

4. 光能无机营养型

光能无机营养型又称光能自养型，这类土壤微生物利用光能进行光合作用，以无机物

作为供氢体以还原 CO_2，从而合成细胞物质。藻类和光合细菌中绿硫细菌、紫硫细菌都属于光能自养型。

(二)土壤微生物呼吸类型

土壤微生物按呼吸类型可分为 3 类。

1. 好气性微生物

这类微生物在有氧环境中生长，以氧分子为呼吸基质氧化时的最终电子受体，由于来自空气中的氧能不断供应，所以能使基质彻底氧化，释放出全部能量。土壤中大多数细菌，如芽孢杆菌、假单胞菌、根瘤菌、硝化细菌和硫化细菌等都属于这一类。另外土壤放线菌、藻类等也属于好气性微生物。

好气性微生物在通气良好的土壤中生长，转化土壤中有机物，获得能量，构建细胞物质，行使其生理功能。土壤中好气性化能自养型细菌，以还原态无机化合物为呼吸基质，依赖它特殊的氧化酶系统，活化分子态氧去氧化相应的无机物质来获取能量。土壤中亚硝酸细菌(以 NH_4^+ 为呼吸基质氧化成 NO_2^-)、硝酸细菌(以 NO_2^- 为基质氧化成 NO_3^-)、硫化杆菌(以硫为基质氧化成 SO_4^{2-})等均属于这一类。

2. 嫌气性微生物

这类微生物在嫌气条件下进行无氧呼吸，以无机氧化物(NO_3^-、SO_4^{2-}、CO_2)作为最终电子受体，通过脱氧酶将氢传递给其他的有机或无机化合物，并使之还原。土壤中的嫌气固氮菌就属于这一类，嫌气性固氮细菌的代表巴氏梭菌(*Clostridium Pasteurianum*)能在酸性森林土壤中生活，并进行氮素固定的作用。另外，产甲烷细菌和脱硫弧菌等也属于嫌气性微生物。

3. 兼嫌气性微生物

这是一类在有氧和无氧环境中均能进行呼吸的土壤微生物。土壤中的反硝化假单胞菌和某些硝酸还原细菌、硫酸还原细菌等都属于兼性微生物。在有氧环境中，它们与其他好气性细菌一样进行有氧呼吸；而在缺氧环境中，它们能将呼吸基质彻底氧化，以硝酸或碳酸中的氧作为受氢体，使硝酸还原为亚硝酸或分子氮，使硫酸还原为硫或硫化氢。

二、土壤细菌

(一)土壤细菌的一般特点

土壤细菌是一类单细胞、无完整细胞核的生物。它占土壤微生物总数的 70% ~ 90%，土中 100 万个/g 以上细菌。细菌菌体通常很小，直径为 0.2 ~ 0.5 μm，长度约几 μm，因而土壤细菌生物量并不高。细菌的基本形态有 3 种：球状、杆状和螺旋状；相应的细菌种类有球菌、杆菌和螺旋菌。

土壤细菌常见属有：节杆菌属(*Arthrobacter*)、芽孢杆菌属(*Bacillus*)、假单胞菌属(*Pseudomonas*)、土壤杆菌属(*Agrobacterium*)、产碱杆菌属(*Alcaligenes*)和黄杆菌属(*Flavobacterium*)。

(二)土壤细菌的主要生理群

土壤中存在着各种细菌生理群，其中主要的有纤维分解细菌、固氮细菌、氨化细菌、硝化细菌和反硝化细菌等，它们在土壤元素循环中起着重要作用。

1. 纤维分解细菌

土壤中能分解纤维的细菌主要是好气纤维分解细菌和嫌气纤维分解细菌。

好气纤维分解细菌主要有生孢噬纤维菌属（*Sporocytophaga*）、噬纤维菌属（*Cytophaga*）、多囊菌属（*Polyangium*）和镰状纤维菌属（*Cellfalcicula*）等。这类纤维分解菌活动的最适温度为 22~30℃，通气不良和温度太高、太低对这类细菌的活性均有较大影响。

嫌气纤维分解细菌主要是好热性嫌气纤维分解芽孢细菌，包括热纤梭菌（*Cl. thermocellum*）、溶解梭菌（*Cl. dissolvens*）及高温溶解梭菌（*Cl. thermocellulolyticus*）等。好热性纤维分解菌活动适宜温度达 60~65℃，最高活动温度可达 80℃。

土壤纤维分解细菌活动强度受土壤养分、水分、温度、酸度和通气等因素的影响。通常纤维分解细菌适宜中性至微碱性环境，所以在酸性土壤中纤维素分解菌活性明显减弱。纤维分解细菌的活动也受到分解物料 C/N 比率的影响。一般情况下，细菌细胞增长所需的 C/N 比率为 4/1~5/1，同时，在呼吸过程中还要消耗几倍的碳，因此，当分解物料 C/N 比率在 20/1~25/1 时，纤维分解细菌能很好地进行分解活动。由于一般植物性材料（如蒿秆、树叶、杂草等）C/N 比率常大于 25/1，因此在利用这些材料作堆肥、基肥时，为了加速分解可适当补充一些氮素化肥或人粪尿等。

2. 固氮细菌

土壤中固氮微生物种类很多，它们每年可从大气中固定氮素达 1 亿 t（表 3-3），其中固氮细菌在固氮微生物中占有优势地位，大约有 2/3 的分子态氮是由固氮细菌固定的。固氮细菌可分为自生固氮细菌和共生固氮细菌 2 类。

表 3-3　各种固氮微生物固氮量统计

固氮微生物种类	全年总固氮量（×10⁴t）	单位面积固氮量（kg/hm²）
共生固氮细菌	5500	90~240
自生固氮细菌	100~200	30~75
非豆科共生微生物	2500	45~150
固氮藻类	1000	38~75

（1）自生固氮细菌　自生固氮细菌是指独自生活时能将分子态氮还原成氨，并营养自给的细菌类群。目前已发现和确证具有自生固氮作用的细菌近 70 个属。

固氮细菌中属好气性的主要有固氮菌属（*Azotobacter*）、氮单胞菌属（*Azomonas*）、拜叶林克菌属（*Beijer-inckia*）和德克斯菌属（*Derxia*）。嫌气性的主要是丁酸发酵型的梭状芽孢杆菌，最重要的是巴斯德梭菌。兼性的主要是肠杆菌科中的一些属种和芽孢杆菌属中的少数种。

自生固氮细菌属中温性细菌，最适活动温度为 28~30℃，适宜中性土壤，但好气性固氮细菌与嫌气性固氮细菌对土壤反应的适应性不同。前者当土壤 pH 值降至 6.0，固氮活性就会明显影响；而后者在 pH 值 5.0~8.5 范围均有较高活性，所以在酸性的森林土壤中，好气性固氮细菌不占主要地位。嫌气性固氮细菌广泛分布在森林土壤中，甚至在酸性沼泽化泥炭中也可以生活，它们的固氮能力虽不如好气性固氮细菌，但它们适应性强，在森林土壤中数量可超过好气性固氮细菌十倍甚至百倍，所以嫌气性固氮细菌对森林土壤固氮起着重要的作用。

（2）共生固氮细菌　共生固氮作用是指两种生物相互依存生活在一起时，由固氮微生物进行固氮的作用。共生固氮作用中根瘤菌与豆科植物的共生固氮作用最为重要。根瘤菌是指与豆科植物共生，形成根瘤，能固定大气中分子态氮向植物提供氮营养的一类杆状细菌。根瘤菌在土壤中可独立生活，但只有在豆科植物根瘤中才能进行旺盛的固氮作用。根瘤菌主要有根瘤菌属（*Rhizobium*）和慢生根瘤菌属（*Bradyrhizobium*）。

根瘤菌在人工培养条件下，细胞呈杆状，大小为 $0.5 \sim 0.9 \times 1.2 \sim 3.0 \mu m$，革兰氏染色阴性。根瘤菌与豆科植物形成根瘤可分为两个阶段：

① 侵染土壤阶段。在这个阶段中，根瘤菌菌体生活在土壤中，呈小球菌或小短杆菌，以后逐渐变成具有鞭毛能运动的小杆菌，这时还没有固氮能力，由于受豆科植物根系分泌物的诱导，它们在根际大量繁殖。

② 根瘤菌形成阶段。侵入根毛细胞中的根瘤菌，在细胞中大量繁殖，根瘤菌在这个时期不能固氮。当菌体侵入达到皮层深处时，皮层细胞受到菌体分泌物的刺激，强烈增生并产生分生组织，其一部分形成根瘤的皮层，另一部分分化为维管束，与根部维管束相联通，这就是根瘤与宿主共生关系的通道，这样就在植物根部形成了根瘤。在根瘤增长最强烈的时期，也是根瘤菌固氮最旺盛的时期，这时才形成真正的共生关系。

根瘤菌的固氮生物化学过程，不是在菌体细胞中进行的，而是根瘤组织受到根瘤菌分泌物的影响，产生某种固氮酶系统，在根瘤组织中进行固氮作用。

根瘤菌与豆科植物的共生关系是有专化性的，由某种豆科植物的根系中分离出来的根瘤菌，只能在同一个"互接种族"的植物根部形成根瘤，因为它们在土壤中的发育条件往往与宿主植物要求的条件相同。

3. 氨化细菌

微生物分解含氮有机化合物释放氨的过程称氨化过程。氨化过程一般可分为两步，第一步是含氮有机化合物（蛋白质、核酸等）降解为多肽、氨基酸、氨基糖等简单含氮化合物；第二步则是降解产生的简单含氮化合物在脱氨基过程中转变为 NH_3。

参与氨化作用的微生物种类较多，其中以细菌为主。据测定在条件适宜时土壤中氨化细菌可达 $10^5 \sim 10^7$ 个/g。主要是好气性细菌，如蕈状芽孢杆菌（*Bacillus mycoides*）、枯草杆菌（*Bacillus subtilis*）和嫌气性细菌的某些种群，如腐败芽孢杆菌（*Bacillus putrificus*）；此外还有一些兼性细菌，如变形杆菌等。

氨化细菌所需最适土壤含水量为田间持水量的 $50\% \sim 75\%$，最适温度为 $25 \sim 35℃$。氨化细菌适宜在中性环境中生长，酸性大的土壤添加石灰可增加氨化细菌的活性。土壤通气状况决定了氨化细菌的优势种群，但通气状况好坏不影响氨化作用的进行。

含氮有机化合物的 C/N 对氨化细菌活动强度和氨化过程有较大影响，一般 C/N 小的有机物氨化进行快，C/N 大的有机物氨化进行慢。氨化细菌细胞的 C/N 为 $4 \sim 5:1$，合成这样的细胞还要利用 $16 \sim 20$ 份碳作为能量，因此氨化细菌生长繁殖中要求提供的 C/N 为 $20 \sim 25:1$。当氨化细菌分解 C/N 大的有机物料时，由于有机碳过剩，氮素不足，会导致微生物从土壤无机氮中吸取氮合成其自身物质。此时，如添加适量无机氮，会加速氨化作用的进行。氨化细菌分解 C/N 小的有机物料时，有机碳不足，而氮素却供给有余，此时氮的矿化作用大于固持作用，导致土壤无机氮的积累和增加。

4. 硝化细菌

微生物氧化氨为硝酸并从中获得能量的过程称硝化过程。土壤中硝化过程分两个阶段完成，第一阶段是由亚硝酸细菌将 NH_3 氧化为亚硝酸的亚硝化过程；第二阶段是由硝酸细菌把亚硝酸氧化为硝酸的过程。

参与硝化过程的土壤微生物为硝化细菌，包括亚硝酸细菌和硝酸细菌两个亚群。亚硝化细菌包括亚硝化单胞菌(*Nitrosomomas*)、亚硝化螺菌(*Nitrosospira*)、亚硝化球菌(*Nitrosococcus*)和亚硝化叶菌(*Nitrosolobus*)4 个属。硝酸细菌包括硝化杆菌(*Nitrobacter*)、硝化刺菌(*Nitrospina*)和硝化球菌(*Nitrococcus*)3 个属。

硝化细菌属化能无机营养型，适宜在 pH 值6.6 ~ 8.8 或更高的范围内生活，当 pH 值低于 6.0 时，硝化作用明显下降。由于硝化细菌是好气性细菌，因而适宜通气良好的土壤，当土壤中含氧量相对为大气中氧浓度的 40% ~ 50% 时，硝化作用往往最旺盛。硝化细菌最适温度为 30℃，低于 5℃ 和高于 40℃，硝化作用甚弱。许多森林土壤 pH 值常低于 5.0，所以在森林土壤中硝酸盐含量通常很低，而积累的铵盐较高。

5. 反硝化细菌

微生物将硝酸盐还原为还原态含氮化合物或分子态氮的过程称反硝化过程。

引起反硝化过程的微生物主要是反硝化细菌。反硝化细菌属兼嫌气性微生物。最主要的反硝化细菌有脱氮杆菌(*Bacteria denitrificans*)、荧光假单胞菌(*Pseudomonas fluorescens*)等。反硝化细菌最适宜的 pH 值是 6 ~ 8，在 pH 值 3.5 ~ 11.2 范围内都能进行反硝化作用。反硝化细菌最适温度为 25℃，但在 2 ~ 65℃ 范围内反硝化作用均能进行。

三、土壤真菌

土壤真菌是指生活在土壤中，菌体多呈分枝丝状菌丝体，少数菌丝不发达或缺乏菌丝的具真正细胞核的一类微生物。土壤真菌数量约为每克土 2 万 ~ 10 万个繁殖体，虽数量比土壤细菌少，但由于真菌菌丝体长，真菌菌体远比细菌大。据测定，表土中真菌菌丝体长度约 10 ~ 100m/g 土，表土中真菌菌体重量可达 500 ~ 5000kg/hm^2。因此在土壤中细菌与真菌的菌体重量比接近 1:1，可见土壤真菌是构成土壤微生物生物量的重要组成部分。

土壤真菌是常见的土壤微生物，它适宜酸性，在 pH 值低于 4.0 的条件下，细菌和放线菌已难以生长，而真菌却能很好地发育，所以在许多酸性森林土壤中真菌起了重要作用。我国土壤真菌种类繁多、资源丰富，分布最广的是青霉属(*Penicillium*)、曲霉属(*Aspergillus*)、木霉属(*Trichoderma*)、镰刀菌属(*Fusarium*)、毛霉属(*Mucor*)和根霉属(*Rhizopus*)。

土壤真菌属好气性微生物，在通气良好的土壤中多，通气不良或渍水的土壤中少；土壤剖面表层多，下层少。土壤真菌为化能有机营养型，以氧化含碳有机物质获取能量，是土壤中糖类、纤维类、果胶和木质素等含碳物质分解的积极参与者。

四、土壤放线菌

土壤放线菌是指生活于土壤中呈丝状单细胞、革兰氏阳性的原核微生物。土壤放线菌数量仅次于土壤细菌，通常是细菌数量的 1% ~ 10%，土中有 10 万个/g 以上放线菌，占了土壤微生物总数的 5% ~ 30%，其生物量与细菌接近。常见的土壤放线菌主要有链霉菌属(*Streptomyces*)、诺卡氏菌属(*Nocardia*)、小单胞菌属(*Micromonospora*)、游动放线菌属(*Acti-*

noplanes）和弗兰克氏菌属（*Frankia*）等，其中链霉菌属占了 70% ~ 90%。

土壤中的放线菌和细菌、真菌一样，参与有机物质的转化。多数放线菌能够分解木质素、纤维素、单宁和蛋白质等复杂有机物。放线菌在分解有机物质过程中，除了形成简单化合物以外，还产生一些特殊有机物，如生长刺激物质、维生素、抗菌素及挥发性物质等。

五、土壤藻类

土壤藻类是指土壤中的一类单细胞或多细胞、含有各种色素的低等植物。土壤藻类构造简单、个体微小，并无根、茎、叶的分化。大多数土壤藻类为无机营养型，可由自身含有的叶绿素利用光能合成有机物质，所以这些土壤藻类常分布在表土层中。也有一些藻类可分布在较深的土层中，这些藻类常是有机营养型，它们利用土壤中有机物质为碳营养，进行生长繁殖，但仍保持叶绿素器官的功能。

土壤藻类可分为蓝藻、绿藻和硅藻 3 类。蓝藻亦称蓝细菌，个体直径为 0.5 ~ 60μm，其形态为球状或丝状，细胞内含有叶绿素 a、藻蓝素和藻红素。绿藻除了含有叶绿素外还含有叶黄素和胡萝卜素。硅藻为单细胞或群体的藻类，它除了有叶绿素 a、叶绿素 b 外，还含有 β 胡萝卜素和多种叶黄素。

土壤藻类可以和真菌结合成共生体，在风化的母岩或瘠薄的土壤上生长，积累有机质，同时加速土壤形成。有些藻类可直接溶解岩石，释放出矿质元素，如硅藻可分解正长石、高岭石，补充土壤钾素。许多藻类在其代谢过程中可分泌出大量粘液，从而改良了土壤结构。藻类形成的有机质比较容易分解，对养分循环和微生物繁衍具有重要作用。在一些沼泽化林地中，藻类进行光合作用时，吸收水中的二氧化碳，放出氧气，从而改善了土壤的通气状况。

六、地衣

地衣是真菌和藻类形成的不可分离的共生体。地衣广泛分布在荒凉的岩石、土壤和其他物体表面，地衣通常是裸露岩石和土壤母质的最早定居者。因此，地衣在土壤发生的早期起重要作用。

第三节　植物根系及其与微生物的联合

植物根系通过根表细胞或组织脱落物、根系分泌物向土壤输送有机物质，这些有机物质一方面对土壤养分循环、土壤腐殖质的积累和土壤结构的改良起着重要作用；另一方面作为微生物的营养物质，大大刺激了根系周围土壤微生物的生长，使根周围土壤微生物数量明显增加。表3-4 列举了根表细胞、组织脱落物和根系分泌物的物质类型及其营养作用。

表 3-4　根产物中有机物质的种类及其在植物营养中的作用

根产物中有机物质的种类		在植物营养中的作用
低分子有机化合物	糖 类 有 机 酸 氨 基 酸 酚类化合物	养分活化与固定 微生物的养分和能源
高分子粘胶物质	多糖、酚类化合物 多聚半乳糖醛酸等	抵御铁、铝、锰的毒害
细胞或组织脱落物 及其溶解产物	根冠细胞 根毛细胞内含物	微生物能源 间接影响植物营养状况

一、植物根系的形态

高等植物的根是生长在地下的营养器官，单株植物的全部根总称为根系。由于林木根系分布范围广、根量大，对土壤影响广泛，因而本节中只阐述林木根系的形态。林木根系有不同形态，概括起来可将其分成 5 种类型。

1. 垂直状根系

此类根系有明显发达的垂直主根，主根上伸展出许多侧根，侧根上着生着许多营养根，营养根顶端常生长着根毛和菌根。大部分阔叶树及针叶树的根系属此类型，尤其在各种松树和栎类中特别普遍。这类根系多发育在比较干旱或透水良好、地下水位较深的土壤上。

2. 辐射状根系

此类根系没有垂直主根，初生或次生的侧根由根茎向四周延伸，其纤维状营养根在土层中结成网状，槭属、水青冈属以及杉木、冷杉等都具有这种根系。辐射状根系发育在通气良好、水分适宜和土质肥沃的土壤上。

3. 扁平状根系

此类根系侧根沿水平方向向周围伸展，不具垂直主根，由侧根上生出许多顶端呈穗状的营养根。云杉、冷杉、铁杉以及趋于腐朽的林木都具有这类根系，尤其在积水的土壤上，如在泥炭土上这种根系发育得最为突出。

4. 串联状根系

此类根系是变态的地下茎，例如竹类根属于这种类型。此类根分布较浅，向一定方向或四周蔓延、萌蘖，并生长出不定根。此类根对土壤要求较严格，紧实或积水土壤对它们的生长不利。

5. 须状根系

此类根主根不发达，从茎的基部生长出许多粗细相似的须状不定根。棕榈的根系属此类型。此类根呈丛生状态，在土壤中紧密盘结。

二、根际与根际效应

根际（Rhizosphere）是指植物根系直接影响的土壤范围。根际的概念最早是 1904 年由德国科学家黑尔特纳（Lorenz hiltne）提出的。根际范围的大小因植物种类不同而有较大变化，同时也受植物营养代谢状况的影响，因此，根际并不是一个界限十分分明的区域。通常把根际范围分成根际与根面 2 个区，受根系影响最为显著的区域是距活性根 1～2mm 的土壤和根表面及共其粘附的土壤(也称根面)。

由于植物根系的细胞组织脱落物和根系分泌物为根际微生物提供了丰富的营养和能量，因此，在植物根际的微生物数量和活性常高于根外土壤，这种现象称为根际效应。根际效应的大小常用根际土和根外土中微生物数量的比值(R/S 比值)来表示。R/S 比值越大，根际效应越明显。当然 R/S 比值总大于 1，一般在 5～50 之间，高的可达 100。土壤类型对 R/S 比值有很大影响，有机质含量少的贫瘠土壤，R/S 比值更大。植物生长势旺盛，也会使 R/S 比值增大。

三、根际微生物

根际微生物是指植物根系直接影响范围内的土壤微生物。

(一)数量

总的来说，根际微生物数量多于根外。但因植物种类、品系、生育期和土壤性质不同，根际微生物数量有较大变异。在水平方向上，离根系越远，土壤微生物数量越少(表 3-5)。

表 3-5　蓝羽扇豆根际微生物的数量($\times 10^3$ 个/g 干土)

距根距离(mm)	细菌	放线菌	真菌
0 *	159000	46700	355
0～3	49000	15500	176
3～6	38000	11400	170
9～12	37400	11800	130
15～18	34170	10100	117
80 **	27300	9100	91

＊根面　　＊＊对照土壤

在垂直方向上，其数量随土壤深度增加而减少。通过平板计数法分析，通常根际土壤微生物中，细菌数量为 10^6～10^7 个/g 干土，放线菌数量为 10^5～10^6 个/g 干土，真菌数量为 10^3～10^4 个/g 干土。

(二)类群

由于受到根系的选择性影响，根际微生物种类通常要比根外少。在微生物组成中以革兰氏阴性无芽孢细菌占优势，最主要的是假单胞菌属(*Pseudomonas*)、农杆菌属(*Agrobacterium*)、黄杆菌属(*Flavobaterium*)、产碱菌属(*Alcaligenes*)、节细菌属(*Arthrobacter*)、分枝杆菌属(*Mycebacterium*)等。

若按生理群分，则根际中反硝化细菌、氨化细菌和纤维素分解细菌较多。

四、菌根

菌根是指某些真菌侵染植物根系形成的共生体。菌根真菌菌丝从根部伸向土壤中，扩大了根对土壤养分的吸收；菌根真菌分泌维生素、酶类和抗生素物质，促进了植物根系的生长；同时，真菌直接从植物获得碳水化合物，因而植物与真菌两者进行互惠、共同生活。

已发现有菌根的植物有 2000 多种，其中本木植物数量最多。根据菌根菌与植物的共生特点，把菌根分成3类：外生菌根、内生菌根和内外生菌根。

(一)外生菌根

外生菌根主要分布在北半球温带、热带丛林地区高海拔处及南半球河流沿岸的一些树种上。大多是由担子菌亚门和子囊菌亚门的真菌侵染而形成的。此类菌根形成时，菌根真菌在植物幼根表面发育，菌丝包在根外，形成很厚的、紧密的菌丝鞘，而只有少量菌丝穿透表皮细胞，在皮层内 2~3 层内细胞间隙中形成稠密的网状——哈氏网(*Harting net*)。菌丝鞘、哈氏网与伸入土中的菌丝组成外生菌根的整体。

具有外生菌根的树种有很多，如松、云杉、冷杉、落叶松、栎、栗、水青岗、桦、鹅耳枥和榛子等。

(二)内生菌根

此类菌根在根表面不形成菌丝鞘，真菌菌丝发育在根的皮层细胞间隙或深入细胞内，只有少数菌丝伸出根外。

内生菌根根据结构不同又可分为泡囊丛枝状菌根(简称 VA 菌根)、兰科菌根和杜鹃菌根，其中 VA 菌根是内生菌根的主要类型，它是由真菌中的内囊霉科侵染形成的。

内生菌根对植物具有多种有益功能，包括扩大根系吸收面积，提高其吸收水肥的能力；直接分解利用有机物和氮、磷、钾、硫、锌、铜等多种矿物元素，改善植物体内养分状况；产生生理活性物质，调节树木生理代谢活动，促进其成活、生长，提高其抗逆性和免疫性，从而提高苗木质量和合格苗产量，大幅度提高造林成活率和幼林生长；改善土壤理化性质，提高土壤活性；排除植株个体间竞争，保持森林稳定发展，提高森林生产力。在长期的生存进化过程中，植物尤其树木已形成了依赖菌根在自然条件下成活和生长的特性，许多树木对菌根已产生绝对的依赖性，在自然条件下没有菌根就生长不良，甚至死亡，菌根是它们在自然条件下成活和生长的前提。

内生菌根发育在草本植物较多，兰科植物具有典型的内生菌根。许多森林植物和经济林木能形成内生菌根，如柏、雪松、红豆杉、核桃、白蜡、杨、楸、杜鹃、槭、桑、葡萄、杏、柑橘，以及茶、咖啡、橡胶等。据调查木本植物中的 49 科 89 属具有菌根，其中裸子植物的主要科包括南洋杉科、粗榧科、柏科、苏铁科、银杏科、买麻藤科、松科、罗汉松科、紫杉科、杉科等；被子植物主要科包括槭树科、葡萄科、漆树科、冬青科、橄榄科、忍冬科、木麻黄科、卫矛科、山茱萸科、柿树科、胡颓子科、杜仲科、大戟科、胡桃科、樟科、木兰科、楝科、含羞草科、桑科、杨梅科、桃金娘科、珙桐科、木犀科、蝶形花科、胡椒科、悬铃木科、蔷薇科、茜草科、芸香科、杨柳科、玄参科、苦木科、茄科、梧桐科、茶科、椴树科、榆科；单子叶植物包括禾本科和棕榈科。

(三)内外生菌根

是外生型菌根和内生型菌根的中间类型。它们和外生菌根相同之处在于根表面有明显的菌丝鞘，菌丝具分隔，在根的皮层细胞间充满由菌丝构成的哈氏网；所不同的是它们的菌丝又可穿入根细胞内。

此类菌根已报道的有浆果鹃类菌根和水晶兰菌根。浆果鹃类菌根的菌丝穿入根表皮或皮层细胞内形成菌丝圈，而水晶兰菌根则在根细胞内菌丝的顶端形成枝状吸器。

这类菌根可发育在许多林木的根部，如松、云杉、落叶松和栎树等。

菌根对寄主植物的作用主要有：①扩大了寄主植物根的吸收范围，作用最显著的是提高了植物对磷的吸收；②防御植物根部病害，菌根起到机械屏障作用，防御病菌侵袭；③促进植物体内水分运输，增强植物的抗旱性能；④增强植物对重金属毒害的抗性，缓解农药对植物的毒害；⑤促进共生固氮。

五、根瘤

根瘤是指原核固氮微生物侵入某些裸子植物根部，刺激根部细胞增生而形成的瘤状物。因而根瘤是微生物与植物根联合的一种形式。根瘤可分为豆科植物根瘤和非豆科植物根瘤，豆科植物根瘤在共生固氮中已叙述。

非豆科植物根瘤中的内生菌主要是放线菌，少数是细菌或藻类。其中放线菌为弗兰克氏菌属，目前已发现有9科20多个属约200多种非豆科植物能被弗兰克氏属放线菌侵染结瘤。

在我国有许多非豆科植物可与放线菌、细菌结瘤。桤木属、杨梅属、木麻黄属植物与放线菌形成根瘤，具有固氮作用。沙棘属、胡颓子属植物可与细菌形成根瘤，同样也有固氮能力。

第四节　土　壤　酶

土壤酶是指在土壤中能催化土壤生物学反应的一类蛋白质。土壤中各种生物化学反应是在各类相应的土壤酶参与下完成的，因此，土壤酶活性表征了土壤生物活性的强弱。

一、土壤酶的来源与存在状态

土壤酶来源于土壤微生物和植物根，也来自土壤动物和进入土壤的动、植物残体。土壤酶按存在状态分为胞内酶和胞外酶。胞内酶是指存在于土壤中微生物和动、植物的活细胞及其死亡细胞内的酶；胞外酶是指以游离态存在于土壤溶液中或与土壤有机、矿质组分结合的脱离了活细胞和死亡细胞的酶。

二、土壤酶的种类与功能

目前已发现的土壤酶达50多种，研究得最多的是氧化还原酶类、水解酶类和转化酶类。现把土壤中主要的酶类及其酶促反应归纳如下：

1. 氧化还原酶类

脱氢酶(dehydrogenase)促进有机物脱氢，起传递氢的作用；

葡萄糖氧化酶(glucose oxidase)氧化葡萄糖为葡萄糖酸；

醛氧化酶(aldehyde oxidase)催化醛氧化为酸；

尿酸氧化酶(urafe oxidase)催化尿酸为尿囊素；

联苯酚氧化酶(p-diphenol oxidase)促酚类物质氧化生成醌；

磷苯二酚氧化酶(catalase oxidase)促酚类物质氧化生成醌；

抗坏血酸氧化酶(ascorbate oxidase)将抗坏血酸转化为脱氢抗坏血酸；

过氧化氢酶(catalase)促过氧化氢生成 O_2 和 H_2O；

过氧化物酶(peroxidase)催化 H_2O_2、氧化酚类、胺类为醌；

　　氢酶（hydrogenase）活化氢分子产生氢离子；

　　硫酸盐还原酶（sulfate reductase）促 SO_4^{2-} 为 SO_3^{2-}，再为硫化物；

　　硝酸盐还原酶（nitrate reductase）催化 NO_3^- 为 NO_2^-；

　　亚硝酸盐还原酶（nitrite reductase）催化 NO_2^- 还原成 $NH_2(OH)$；

　　羟胺还原酶（hydramine reductase）促羟胺为氨。

2. 水解酶类

　　羧基酯酶（carboxy lesterase）水解羧基酯，产羧酸及其他产物；

　　芳基酯酶（arylesterase）水解芳基酯，产芳基化合物及其他产物；

　　脂酶（lipase）水解甘油三脂，产甘油和脂肪酸；

　　磷酸脂酶（phosphatase）水解磷酸脂，产磷酸及其他产物；

　　核酸酶（nuclease）水解核酸，产无机磷及其他产物；

　　核苷酸酶（nudclrotidase）催化核苷酸脱磷酸；

　　植素酶（plytase）水解植素，生成磷酸和肌醇；

　　芳基硫酸盐酶（arylsulphatase）水解芳基硫酸盐，生成硫酸和芳香族化合物；

　　淀粉酶（amylase）有 α - 淀粉酶、β - 淀粉酶和葡萄糖苷酶，最终产物为葡萄糖；

　　纤维素酶（cellulase）水解纤维素，生成纤维二糖；

　　木聚糖酶（xylanase）水解木聚糖，产木糖；

　　α - 葡萄糖苷酶或麦芽糖酶（α - blucosidase）水解麦芽糖产葡萄糖；

　　β - 葡萄糖苷酶或纤维二糖酶（β - glucosidase）水解纤维二糖，产葡萄糖；

　　α - 半乳糖苷酶或蜜二糖酶（α - galactosidase）水解该底物，产半乳糖；

　　β - 半乳糖苷酶或乳糖酶（β - galactmidase）水解该底物，产半乳糖；

　　蔗糖酶或转化酶（invertase）水解蔗糖，产葡萄糖和果糖；

　　蛋白酶（proteinase）水解蛋白质，产肽和氨基酸；

　　肽酶（peptidase）断肽链，生成氨基酸；

　　天冬酰胺酶（asparaginase）水解天冬酰胺，产天冬氨酸和氨；

　　脲酶（urease）水解尿素，生成 CO_2 和 NH_3；

　　无机焦磷酸盐酶（inorganie pyrophosphatase）水解焦磷酸盐，生成正磷酸；

　　聚磷酸盐酶（polymetaphsphatase）水解聚磷酸，生成正磷酸盐；

　　ATP 酶（adenosine triphosphatase）水解 ATP，生成 ADP。

3. 转移酶类

　　葡聚糖蔗糖酶（dextransucrase）进行糖基转移；

　　果聚糖蔗糖酶（levan sucrase）进行糖基转移；

　　氨基转移酶（aminotransferase）进行氨基转移。

4. 裂解酶类

　　天冬氨酸脱羧酶（aspartate decarboxylase）裂解开冬氨酸为 β - 丙氨酸和 CO_2；

　　谷氨酸脱羧酶（glutamate decarboxylase）裂解谷氨酸为 γ - 氨基丙酸和 CO_2；

　　芳香族氨基酸脱羧酶（aromatic amino and decarboxylase）裂解芳香族氨基酸，如色氨酸脱羧酶，裂解色氨酸，生成色胺。

三、土壤酶活性及其影响因素

土壤酶活性是指土壤中酶催化生物化学反应的能力。常以单位时间内单位土重的底物剩余量或产物生成量表示。

影响土壤酶活性的因素主要有土壤性质和耕作管理措施。

（1）土壤性质　影响酶活性的土壤性质主要有：①土壤质地。质地粘重的土壤酶活性常高于质地较砂的土壤。②土壤水分状况。渍水条件常降低了转化酶（例如蔗糖酶）活性，但可提高脱氢酶活性。③土壤结构。由于小粒径团聚体含有较多的粘土矿物和有机质，因而，小粒径团聚体的土壤酶活性常较大粒径团聚体强。④土壤温度在最适温度以下，土壤酶活性随温度升高而升高。⑤土壤有机质含量。一般情况下，土壤有机质含量高的土壤酶活性较强。⑥土壤 pH 值。不同土壤酶，其适宜 pH 值有一定差别。

（2）耕作管理措施：①施肥对土壤酶活性的影响。施有机肥常可提高土壤酶的活性，施用矿质肥料对土壤酶活性的影响因土壤、肥料和酶的种类不同而不同。施用不含磷的矿质肥料常可提高磷酸酶的活性，而长期施用磷肥将降低磷酸酶活性，但在有机质含量低的土壤上施磷肥会提高磷酸酶活性。②土壤灌溉。灌溉增加脱氢酶、磷酸酶活性，但降低了转化酶活性。③农药对土壤的影响。除杀真菌剂外，施用正常剂量的农药对土壤酶活性影响不大。农药施用后，土壤酶活性可能被农药抑制或增强，但其影响一般只能维持几个月，然后能恢复正常。只有长期施用农药导致土壤的化学性质发生较大变化时，才会对土壤酶活性产生持久的影响。

第四章　土壤有机质

土壤有机质是土壤固相的一个重要组成部分，它与土壤的矿物质共同成为林木营养的主要来源。土壤有机质的存在，改变或影响着土壤一系列物理、化学和生物性质。土壤有机质在土壤中的含量虽然很少，仅占土壤质量的 1% ~ 10%，但它是最活跃的成分，对肥力因素水、肥、气、热影响很大，成为土壤肥力重要的物质基础。因此，了解有机质的性状和它在土壤中转化规律，采取积极有效的措施提高土壤有机质的含量，对改善土壤理化性质，以及提高土壤肥力是极其重要的。

第一节　土壤有机质的来源和类型

一　土壤有机质的来源

动植物、微生物的残体和有机肥料是土壤有机质的基本来源，其中绿色植物，特别是高等植物的残体，是土壤有机质最重要的来源之一，占土壤有机质来源的 80% 以上。这些植物残体水分含量很高，干物质只占 25% 左右，在干物质中碳占 44%，氧占 8%，氮及灰分元素共占 8%。灰分元素包括磷、钾、钙、镁及各种微量元素。土壤中的动物和多种微生物的主要作用在于改造有机质。土壤被人类耕作利用后，通过施入有机肥料的方法，增加土壤中有机质的数量，开辟了土壤有机质来源的又一条途径。

进入土壤的有机质一般呈现 3 种状态：①新鲜的有机物。基本上保持动植物残体原有状态，其中有机质尚未分解。②半分解的有机物。动植物残体已部分分解，失去了原有的形态特征，称为半分解有机残余物。③腐殖质。在微生物作用下，有机质经过分解再合成，形成一种褐色或暗褐色的高分子胶体物质，称为腐殖质。腐殖质是有机质的主要成分，一般占土壤有机质总量的 85% ~ 90%，森林土壤中，一般指凋落物层中 H 层（Humus）。腐殖质可以改良土壤理化性质，是植物营养的主要来源，是土壤肥力水平高低的重要标志。

二、进入土壤的有机残体的组成

一般来说，进入土壤的有机残体的化学成分，包括碳水化合物、木质素、脂肪、单宁、蜡质、树脂、木栓质、角质、含氮化合物和灰分元素等。

（一）碳水化合物

碳水化合物由碳、氢、氧所构成，约占植物残体干重的 60%，其中包括：

1. 可溶性糖类和淀粉

是广泛存在于植物体中的碳水化合物，如葡萄糖、蔗糖和淀粉等。单糖、寡糖和直链淀粉可溶于水中，在土壤中容易被微生物吸收利用，也能被水淋洗流失。这类有机质被微生物分解后产生二氧化碳和水，在嫌气条件下，可能产生氢气和氨气等还原性物质。

2. 纤维素和半纤维素

是植物细胞壁的重要成分，在植物残体中含量最高。两者均不溶于水，但在土壤微生物作用下缓慢分解，其中半纤维素比纤维素易分解。室内实验结果表明，幼年植物的纤维素，在 120 天以后，分解率达 75% ~90%。

（二）木质素

在植物的残体中，木质素的含量约为 10% ~30%，平均占 25%。木质素的含量，在木本植物中多于草本植物，是木质部主要组成部分，是木质化植物组织的镶嵌物质的总称，属于芳香族醇类化合物。木质素是最难被微生物分解的有机物质。

（三）脂肪、蜡质、单宁和树脂

这些物质在植物残体中的含量变化范围为 1% ~8%，平均占 5%。脂肪为高级脂肪酸与甘油所组成的酯类，多存在于种子和果实中。蜡质是高级脂肪酸与高级一元醇（含 2 个羟基的醇类）所构成的酯类，多存在于种皮、外果皮和叶表面。单宁是多元酚的衍生物，主要分布在木本植物（如栎、柳、栗）的皮层中。树脂是酸、酚等型的萜烯聚合的氧的衍生物，萜烯的组成为 $C_{20}H_{30}O_2$。

上述这些物质除单宁外均不溶于水，它们的分解过程除脂肪稍快以外，一般都很慢且极难彻底分解。

（四）木栓质、角质

木栓质与角质存在于植物保护组织中，如树皮、孢子和花粉的膜内。这类物质抗化学和微生物分解能力强，能在土壤中长期保存。

（五）含氮化合物

有机残体中的含氮化合物主要是蛋白质，它是原生质和细胞核的主要成分，占植物残体重量的 1% ~15%，平均 10%。此外，也有一些非蛋白质类型的含氮化合物，如几丁质、叶绿素、尿素等。这类物质在微生物的作用下，分解为无机态氮，其中包括铵态氮和硝态氮。

（六）灰分物质

植物残体燃烧后所遗留下的灰烬物质。灰分中的主要物质为钙、镁、钾、钠、磷、硅、硫、铁、铝、锰等，此外还含有碘、锌、硼、氟等微量元素。植物残体中灰分含量随着林木的种类、树木的年龄和土壤类型而有所不同，一般占植物残体干物质重量的 5%。树木的木质部和苔藓类灰分含量最低，仅占 1% ~2%；树木的叶子和皮层灰分含量达 4% ~5%；草本植物灰分含量达 10% ~12%，最多可达 15%。

表 4-1　植物所含成分的组成

成分	小麦秆	玉米秆	大豆顶梢	松针	栎树叶
脂肪和蜡	1.10	5.94	3.80	23.92	4.01
水溶性物质	5.57	14.14	22.09	7.29	15.32
半纤维素	26.35	21.91	11.08	18.98	15.60
纤维素	39.10	28.67	28.53	16.40	17.18
木质素	21.60	9.46	13.84	22.68	29.66
蛋白质	2.10	2.44	11.04	2.19	3.47
灰分	3.53	7.54	9.14	2.51	4.68

上述几类有机物成分的含量，在不同种类的植物残体中差异很大，高等植物，特别是木本植物富含半纤维素、纤维素和木质素等物质，而低等植物和细菌多含蛋白质类物质（见

表4-1）。

第二节 土壤有机质的转化过程

各种动、植物有机残体进入土壤后，经历着多种多样的复杂的变化过程，这些过程总的来说向着两个方向进行：一是分解过程，即在微生物作用下，把复杂的有机质最后分解成为简单无机化合物的过程，叫做有机质的矿质化过程；一是合成过程，即把有机质矿质化过程形成的中间产物，再合成为更为复杂的特殊含芳环的高分子有机化合物的过程，叫做有机质的腐殖化过程。这两个过程均是土壤有机质腐解过程不可分割的部分，它们之间既互相联系、互相渗透，又随着条件的改变而互相转化。

一、土壤有机质矿质化过程

进入土壤的有机质，在植物残体和微生物分泌酶的作用下，使有机物分解为简单有机化合物，最后转化为二氧化碳、氨、水和矿质养分（磷、硫、钾、钙、镁等简单化合物或离子），同时释放出能量。这个过程为植物和土壤微生物提供养分和活动能量，直接或间接地影响着土壤性质，并为合成腐殖质提供物质来源。

（一）碳水化合物的转化

淀粉、半纤维素、纤维素都是由葡萄糖分子组成的多糖，在真菌和细菌所分泌的糖类水解酶的作用下，分解成为葡萄糖：

$$(C_6H_{10}O_6)n + nH_2O \xrightarrow{水解酶} nC_6H_{12}O_6$$
$$（淀粉、纤维素） \qquad\qquad （葡萄糖）$$

葡萄糖在好气条件下，在酵母菌和醋酸细菌等微生物作用下，生成简单有机酸（醋酸、草酸等）、醇类和酮类。这些中间物质在通气条件良好的土壤环境中继续氧化，最后完全分解成二氧化碳和水，同时放出热量。

$$C_6H_{12}O_6 \xrightarrow{酵母菌} 2C_2H_5OH + 2 CO_2$$
$$（乙醇）$$

$$C_2H_5OH + 2[O] \xrightarrow{醋酸细菌} CH_3COOH + H_2O$$
$$（醋酸）$$

$$CH_3COOH + 2 O_2 \xrightarrow{醋酸细菌} 2 CO_2 + 2 H_2O + 热量$$

在通气不良的土壤条件下，由嫌气性细菌和兼嫌气性细菌对葡萄糖进行嫌气性分解，形成有机酸类中间产物，最后产生氨气、氢气等还原性物质。

$$C_6H_{12}O_6 \longrightarrow CH_3CH_2CH_2COOH + 2CO_2 + 2H_2$$
$$（丁酸）$$

$$2 CH_3CH_2CH_2COOH + 2H_2O \longrightarrow 5CH_4 + 3CO_2$$
$$（沼气）$$

土壤碳水化合物分解过程是极其复杂的，在不同的环境条件下，受不同类型微生物的作用，产生不同的分解过程。这种分解过程实质上是能量的释放过程，这些能量是促进土壤中各种生物化学过程的基本动力，是土壤微生物生命活动所需能量的重要来源。一般来说，在嫌气条件下，各种碳水化合物分解时释放出的能量比在好气条件下释放出的能量要少得多。

（二）含氮有机化合物的转化

土壤中含氮有机化合物分为两种类型，一是蛋白质类型，如各种类型的蛋白质；二是非蛋白质类型，如几丁质、尿素和叶绿素等。这些物质在土壤中均因微生物分泌酶的作用，最终分解为无机态氮（主要是铵态氮和硝酸态氮）。下面以蛋白质为例，其分解转化步骤如下：

（1）水解过程。蛋白质在微生物所分泌的蛋白质水解酶的作用下，分解成为简单氨基酸类含氮化合物。

蛋白质→水解蛋白质→消化蛋白质→多肽→氨基酸

（2）氨化过程。氨其酸在多种微生物及其分泌酶的作用下，进一步分解成氨，这种氨基酸脱氨的作用叫做氨化作用。氨化作用在好气、嫌气条件下均可进行。参与氨化作用的有细菌（如氨化细菌）、放线菌和真菌等多种异养型土壤微生物。脱氨基作用可在土壤中通过氧化、还原、水解、转位等多种形式进行。因此，土壤中各种微生物可在不同的条件下，进行各种形式的氨化作用。

（3）硝化过程。在通气条件良好时，氨在土壤微生物作用下，可经过亚硝酸的中间阶段，进一步氧化转化为硝酸，这个由氨转化为硝酸的过程叫做硝化作用，亚硝酸转化成硝酸的速度，一般比氨转化为亚硝酸的速度要快，所以土壤中的亚硝酸盐的含量在通常情况下是比较少的。

$$2\,NH_3 + 3\,O_2 \xrightarrow{\text{亚硝酸细菌}} 2\,HNO_2 + 2\,H_2O + 662\,KJ$$

$$2\,HNO_2 + O_2 \xrightarrow{\text{硝酸细菌}} 2\,HNO_3 + 201\,KJ$$

必须指出，硝态氮在土壤通气不良的情况下，会还原成气态氮（N_2O 和 N_2），这种生化反应称做反硝化作用。很多种细菌都能进行反硝化作用，这类细菌称为反硝化细菌。反硝化细菌都是兼嫌气性的，在好气、嫌气条件下都能生存。在好气条件下，反硝化细菌以硝酸为最终受氢体，产生亚硝酸、一氧化二氮、氮气，这种作用也称为脱氮作用。

（三）脂肪、单宁和树脂的转化

脂肪在微生物分泌的脂肪酶作用下，分解为甘油和脂肪酸。甘油比较容易被分解成为二氧化碳和水，而长链的脂肪酸则较难分解，只有在通气良好的条件下，由多种微生物共同作用，才能分解成二氧化碳和水，并释放一定的能量。单宁在真菌作用下可分解成葡萄糖和没食子酸，葡萄糖先氧化成简单的有机酸，最后分解成二氧化碳和水，没食子酸则较难分解。一般情况下，单宁分解速度缓慢而又不彻底，同时会产生一些酸性物质。树脂更不易分解，只有在氧充足的条件下，经多种微生物作用，才能分解生成有机酸、碳氢化合物和醇类。与好气条件相比，在嫌气条件下树脂分解速度更慢。

（四）含磷、硫有机化合物的转化

土壤中有机态磷、硫等物质，只能经过各种微生物作用，分解成为无机态可溶性物质后，才能被植物吸收利用。

1. 含磷有机化合物的分解

土壤表层全磷量中有 25% ~ 50% 是以有机磷状态存在的，主要有核蛋白、核酸、磷脂、核素等。这些物质在多种腐生性微生物作用下，分解的最终产物为正磷酸及其盐类，可供林木吸收利用。异养型细菌、真菌、放线菌都能引起这种作用，其中磷细菌的分解能力最强。含磷有机化合物在磷细菌作用下，经水解而产生磷酸。

核蛋白 $\longrightarrow$ 核素 $\longrightarrow$ 核酸 $\longrightarrow$ 有机碱 + H_3PO_4

$\hookrightarrow NH_3 + CO_2 + H_2O$

卵磷脂 $\longrightarrow$ 甘油磷酸脂 $\longrightarrow$ 甘油 + H_3PO_4 + 脂肪酸 + 有机碱

$\hookrightarrow CO_2 + H_2O$　　　　　　　$\hookrightarrow NH_3 + CO_2 + H_2O$

在嫌气条件下，很多嫌气性土壤微生物能引起磷酸还原作用，产生亚磷酸，并进一步还原成磷化氢。

2. 含硫有机化合物的分解

土壤中含硫的有机化合物，如含硫蛋白质、胱氨酸等，经过微生物的腐解作用产生硫化氢。硫化氢在通气良好的条件下，在硫细菌的作用下氧化成硫酸，并和土壤中的盐基离子生成硫酸盐，不仅消除硫化氢的毒害作用，并能成为林木容易吸收的硫素养分。

$$含硫蛋白质 \longrightarrow 含硫氨基酸 \longrightarrow H_2S$$
$$2\,H_2S + O_2 \longrightarrow S_2 + 2\,H_2O + 528\,KJ$$
$$S_2 + 2\,H_2O + 3O_2 \longrightarrow 2\,H_2SO_4 + 1231KJ$$

在土壤通气不良的条件下，已经形成的硫酸盐也可以还原成 H_2S，即发生反硫化作用，造成硫素的逸失。当 H_2S 积累到一定程度时，对林木的根系有毒害作用。

二、土壤有机质的腐殖化过程

在有机物质矿质化过程的同时，土壤中还进行着另一种复杂的过程，即腐殖化过程，其最终产物是腐殖质。腐殖质是一系列有机化合物的混合物，是土壤的有机胶体。

腐殖质的形成是一个非常复杂的问题。微生物是整个有机残体腐殖化过程的主导者。微生物促进腐殖质的形成是依靠酶的作用，有机质的分解主要靠水解酶，合成腐殖质则主要依靠氧化酶的作用。腐殖质的形成过程目前尚未完全搞清楚，一般认为可能经历两个阶段(见图 4-1)：

(一)第一阶段

微生物将有机残体分解并转化为简单的有机化合物，一部分经矿质化作用转化为最终产物(二氧化碳、硫化氢、氨等)。转化过程中，诸如木质素等成分，由于结构相当稳定，不易彻底分解，从而保留其原来芳核结构的降解产物。同时，微生物本身的生命活动又产生再合成产物和代谢产物，其中有芳族化合物(多元酚)、含氮化合物(氨基酸或肽)和糖类等物质。

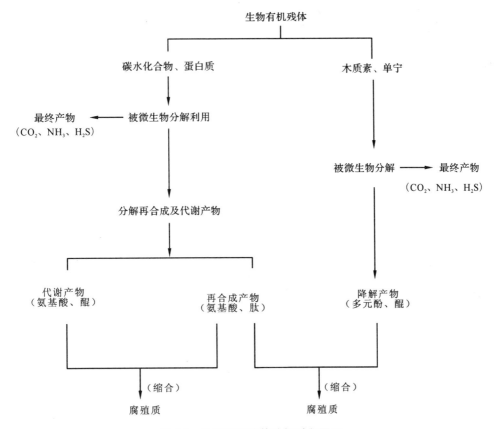

图 4-1 生物有机残体分解过程图示

(二) 第二阶段

在微生物作用下, 各组成成分, 主要是芳香族物质和含氮化合物, 综合成腐殖质单体分子。在这个过程中, 微生物起着重要作用, 首先是由许多微生物群分泌的酚氧化酶, 将多元酚氧化成醌, 然后醌再与含氮化合物缩合成腐殖质。

三、影响土壤有机质分解的因素

土壤有机质分解转化受各种因素的影响, 在不同的条件下, 有机质转化的方向、速率和产物均不相同, 对提供养分、能量和改善土壤性质的作用也不一样。概括地说, 森林有机物分解的速度主要取决于两个方面: 内因是林木凋落物的组成, 外因是所处的环境条件。

(一) 林木凋落物的组成

不同树种的凋落物, 因其组成的化学成分不同(如水溶性糖类、半纤维素、纤维素、木质素、脂肪、树脂等含量), 分解转化速度差异很大(表 4-2), 主要表现在凋落物中易分解部分(如糖类、蛋白质类)与难分解部分(如木质素、单宁、树脂等)之间的比例。一般来说, 针叶树较阔叶树难以分解, 如云杉的针叶中含有树脂及杀菌物质较多, 分解很慢, 26 ~ 28 周后仅分解 24.6%, 而新鲜的柞树叶子在同一时期则分解 45%; 即便是阔叶树, 由于树种不同, 分解速度差异也很大(表 4-3)。

表 4-2 冷杉木材的化学成分在分解过程中的变化(干质量计)

化学成分 类型	纤维素 (%)	多缩戊糖 (%)	甲氧基类 (%)	碱溶解的物质 (%)	甲基多缩戊糖 (%)
新鲜木材	58.96	7.16	3.94	10.61	2.64
部分分解的木材	41.66	6.79	5.16	38.10	3.56
完全分解的木材	8.47	2.96	7.80	65.31	6.06

林木凋落物的碳氮比对分解速度也有一定的影响。碳氮比(C/N)指有机质中碳总量与氮总量之比。碳氮比的大小依林木凋落物的种类和老嫩程度不同而不同。因为有机碳是微生物活动能量的来源,氮是构成微生物自身细胞的组成物质,碳氮比值大小,关系到微生物的繁殖和活动能力的大小,从而也直接影响着有机质的分解速度。一般来说,有机质 C/N 在 25:1 左右时,微生物活动最旺盛,分解有机质速度也最快;有机质 C/N 大于 25:1,分解速度就会减慢;如果有机质 C/N 达 70~80:1 以上,则有机质很难分解。据研究证明:针叶林凋落物通常保持相当高的碳量,C/N 比很高,从而在凋落初期不易被微生物分解;阔叶林中的凋落物,C/N 比较低,比较容易被微生物分解。

表 4-3 一些阔叶树凋落物的分解速度(干质量%)

分解速度(%) 树种	时间(日) 102	120	136	145	159
光叶倒吊笔	100	—	—	—	—
尤果	75.4	100	—	—	—
泰国黄叶树	54.6	86.8	100	—	—
银背巴豆	67.1	100	—	—	—
水奶果	87.4	100	—	—	—
五月茶	80.1	100	—	—	—
大叶藤黄	53.8	84.1	—	90.0	100
白颜树	31.4	100	—	—	—

(二)外界环境条件

影响土壤有机质分解的外界环境因素,主要是温度、湿度、通气状况和土壤酸碱度。

微生物的生存以及对有机质的分解需要适宜的温度和湿度。当土壤温度 30℃ 左右,土壤含水量接近土壤饱和水量的 60%~80% 时,既有一定数量的空气又有适当的水分,最有利于微生物活动,有机质的分解强度最大。当土壤温度和湿度低于或高于最适点时,由于微生物正常活动受到影响,从而减弱有机质的分解强度。当土壤温度和湿度两个因素中,一个数值增大,另一个数值同时减小时,微生物活动状况和有机质分解的强度则受不利因素所制约。

土壤通气状况明显地影响着有机质的分解程度和转化方向。土壤通气状况常与土壤质地和水分状况有直接关系。在砂性土壤中,土壤保水力弱,通气良好,好气性细菌和真菌活跃,一般以好气性分解占优势,不利于土壤中腐殖质的积累;在粘性土中,保水力强,通气性差，嫌气性细菌活跃，有利于嫌气性生物化学反应过程的进行，有机质分解速度缓慢，利于土壤中腐殖质的积累。近年研究表明腐殖化过程主要是在好气与嫌气条件交替作用下进行的。因此，要达到土壤中既有充足的有机质储量，又能保证植物所需有效养分的及时供应，必须采取措施调节土壤通气性能，使好气性分解和嫌气性分解协调进行，以能保证有足够数量的腐殖质积累于土壤之中。

土壤酸碱度影响着有机质的转化和腐殖质的形成，原因在于土壤酸碱度对各种微生物类群的活动有直接影响。各种微生物都有它最适宜的 pH 值范围，酸性环境适合于真菌活动，容易产生活动性较强的富里酸型腐殖质；中性环境适合于细菌繁殖，容易产生相对稳定的胡敏酸型腐殖质；在微碱性条件下适于硝化细菌活动，而氨化细菌和纤维素分解细菌等多种微生物，均适于在微酸性至微碱性环境条件下活动。

综上所述，影响土壤有机质转化的因素是多方面的，如林木凋落物的组成、土壤理化性状、自然环境条件、人类的生产活动等，各个因素之间是相互联系，相互制约，综合作用的。在生产实践中，必须仔细分析影响有机质转化的各种因素，做到有目的地调节有机质的转化方向和速度。

第三节　有机质在土壤肥力上的作用

一、提供作物需要的养分

土壤有机质不仅是一种稳定而长效的氮源物质，而且它几乎含有作物和微生物所需要的各种营养元素。随着有机质的逐步矿化，这些养分都成为矿质盐类(如铵盐、硫酸盐、磷酸盐)，以一定的速率不断地释放出来，供作物和微生物利用。如前所述，腐殖物质作为一个整体，其矿化的速率是很慢的，但其含氮多的组分(如氨基酸与多肽等含氮物质)，则矿化较易，氮素矿化率可达 4% ~6% ，为作物氮素的主要供给源。在江苏省苏州地区高产栽培条件下，单季稻吸收氮量的 70% 、双季稻吸收氮量的 50% 是来自土壤有机质的矿化。

此外，土壤有机质在其分解过程中，还可产生多种有机酸(包括腐殖酸本身)，它们一方面对土壤矿物质部分有一定的溶解能力，促进风化，有利于某些养料的有效化；另一方面还能络合一些多价金属离子，使之保留于土壤溶液中不致沉淀而增加了有效性。

二、增强土壤的保肥性能

腐殖物质因带有正负两种电荷，故可吸附阴、阳离子；又因其所带电性以负电荷为主，所以它吸附的离子主要是阳离子，其中作为养料的主要有 K^+、NH_4^+、Ca^{2+}、Mg^{2+} 等等。这些离子一旦被吸附后，就可避免随水流失，而且能随时被根系附近 H^+ 或其他阳离子交换出来(详见第四章)，供作物吸收，仍不失其有效性。

腐殖物质保存阳离子养分的能力，要比矿质胶体大几倍甚至几十倍，因此，保肥力很弱的砂土，在增施有机肥以提高其腐殖质含量后，不仅增加了土壤中养分含量，改良了砂土的物理性质，还能提高其保肥能力。

腐殖酸是一种含有许多酸性功能团的弱酸，所以在提高土壤腐殖物质含量的同时，还提高了土壤对酸碱度变化的缓冲性能。

三、促进团粒结构的形成，改善物理性质

腐殖质在土壤中主要以胶膜形式包被在矿质土粒的外表。由于它是一种胶体，粘结力比砂粒强，所以施用于砂土后，增加了砂土的粘性，可以促进团粒结构的形成；另一方面又由于它松软、絮状、多孔，而粘结力又不像粘粒那样强，所以粘粒被它包被后，易形成散碎的团粒，使土壤变的比较松软而不再结成硬块。这说明土壤有机质既可以改变砂土的分散无结构状态，又能改变粘土的坚韧大块结构，从而使土壤的透水性、蓄水性以及通气性都有所改善。对农事操作讲，由于土壤耕性好，耕翻省力，适耕期长，耕作质量也相应地提高（有关团粒结构在肥力上的作用，详见第六章）。

腐殖质对土壤热状况也有一定影响。这是由于腐殖质是一种暗褐色的物质，它被包被于土粒表面，只要有少量存在，就能明显地加深土壤颜色，使之由浅灰色转呈深灰色、褐色、栗色以至于黑色。深色土壤吸热升温快，在同样日照条件下，其土温相对较高，从而有利于春播作物的早发速长。

四、其他方面的作用

（1）土壤有机质含碳丰富，蕴藏着很大的潜在能，是土壤微生物所需能量的来源。但因其矿化率低，所以不像新鲜植物残体那样会对微生物产生迅猛的激发效应，而是持久稳定地向微生物提供能源。正因为如此，含有机质多的土壤，肥力平稳而持久，不易产生作物猛发或脱肥等现象。

（2）腐殖质有助于消除土壤中的农药残留和重金属的污染。据报道，褐腐酸能吸收和溶解三氮杂苯除莠剂以及某些农药。例如 DDT 在 0.5% 褐腐酸钠的水溶液中的溶解度比在水中至少大 20 倍，这就使 DDT 容易从土壤中排出去；又如腐殖质酸能和某些重金属离子络合，由于络合物的水溶性，而使有毒的重金属离子有可能随水排出土体，减少对作物的危害和对土壤的污染。

（3）腐殖酸在一定浓度下，能促进微生物和植物的生理活性。例如对褐腐酸研究说明：

① 能改变植物体内的糖类代谢，促进还原糖的积累，提高细胞渗透压，从而增加了植物的抗旱力；

② 能促进过氧化酶的活性，加速种子发芽和养分吸收过程，从而增加生长速度；

③ 浓度为百万分之几个到几十个的褐腐酸溶液，还可能加强植物的呼吸作用，增加细胞膜的透性，从而提高其对养分的吸收能力，并加速细胞分裂，增强根系发育。

但必须指出：腐殖质在分解时也可能产生一些不利于植物生长或甚至有毒害的中间产物，特别在嫌气条件下，这种情况更易发生。如一些脂肪酸（乙酸、丙酸、丁酸等）的积累，达到一定浓度会对植物有毒害作用。

第五章　土壤矿物质

土壤的固体部分称为土粒。固体土粒由矿物质和有机质两部分组成，土壤的矿物质部分约占土壤固体部分质量的95%以上，土壤的矿物质部分是土体的骨架，对土壤性质有极大影响。

第一节　矿物质土粒的粗细分级

一、土粒的大小分级

土粒的大小很不均一。在自然情况下，这些大小不一的土粒，有的单个的存在于土壤中，称为单粒；有的则相互粘结成为一聚集体，称为复粒。土粒的分级是根据各种矿物质单粒的大小进行的，而不是以那些由不同单粒聚集起来的复粒为标准的。

通常是人为地将土壤单粒依它们的直径大小排队，按一定的尺度范围归纳为若干组，这些单粒组就称为粒级，粒级的划分标准，各国不一致。目前，常用的有4种分级标准（表5－1）：

（1）国际粒级制。国际制粒级划分标准原为瑞典土壤学家爱特伯（A. Atterberg）所拟定，经国际土壤学会同意后采用。该制分为4个基本粒组，砾、砂、粉、粘，其分类标准为十进制，简明易记，多为西欧国家采用。我国也曾用过，直到现在仍有不少土壤学者赞成用此制度。

（2）美国农部粒级制。1951年在土壤局制基础上修订，把粘粒上限从 $5\mu m$ 下降至 $2\mu m$，这是根据当时对胶体的认识而定。这一粘粒上限已为世界各国粒级制所公认和采用。农部制在美国土壤调查和有关农业的土壤测试中应用，在许多国家称"美国制"。近来在我国土壤学教本中介绍较多。

（3）卡钦斯基粒级制。前苏联土壤学家卡钦斯基修订（1957）而成，它先分为粗骨部分（ $>1mm$ 的石砾）和细土部分（ $<1mm$ 的土粒），然后再把后者以 $0.01mm$ 为界分为"物理性砂粒"与"物理性粘粒"两大粒组，意即其物理性质分别类似于砂粒和粘粒。因为前者不显塑性、胀缩性而且吸湿性、粘结性弱，后者有明显的塑性、胀缩性、吸湿性和粘结性，尤以粘粒级（ $<1\mu m$ ）为强。$0.01mm$ 和 $0.001mm$ 正是各粒级理化性质的两个转折点。自50年代以来，我国土壤机械分析多采用卡钦斯基制，曾通称"苏联制"。

4. 中国粒级制。在卡钦斯基粒级制的基础上修订而来，在《中国土壤》（第二版，1987）正式公布。它把粘粒的上限移至公认的 $2\mu m$，而把粘粒级分为粗（ $1\sim2\mu m$ ）、细（ $<1\mu m$ ）两个粒级，后者即卡钦斯基制的粘粒级，从理化性质看，粗、细粘粒的差异甚大。

表 5-1　土壤粒级制

当量粒径 （mm）	中国制 （1987）	卡钦斯基制 （1957）		美国农部制 （1951）	国际制 （1930）
3～2	石砾	石砾		石砾	石砾
2～1				极粗砂粒	粗砂粒
1～0.5	粗砂粒	物理性砂粒	粗砂粒	粗砂粒	
0.5～0.25			中砂粒	中砂粒	
0.25～0.2	细砂粒		细砂粒	细砂粒	细砂粒
0.2～0.1					
0.1～0.05				极细砂粒	
0.05～0.02	粗粉粒	粗粉粒		粉粒	粉粒
0.02～0.01					
0.01～0.005	中粉粒	物理性粘粒	中粉粒		
0.005～0.002	细粉粒		细粉粒		
0.002～0.001	粗粘粒				
0.001～0.0005	细粘粒	粘粒	粗粘粒	粘粒	粘粒
0.0005～0.0001			细粘粒		
＜0.0001			胶质粘粒		

二、粒级的基本特征

不同粒级各有其特性，这些特性将对土壤肥力产生深刻影响。

（一）砂粒

酸性岩山体的山前平原和冲积平原土壤中常见，矿物组成主要是石英等原生矿物。砂粒由于比表面积小，所以经受化学风化的机会也少，养分元素的释放很慢，有效养分贫乏。由于单位体积土体中土粒的总面积小，所以土粒的表面吸湿性和吸肥力都很小。又因为它们的粒间孔隙大，所以透水容易，排水快，通气良好，但易溶性的养分也易于随水流失。砂粒的另一个特点是它们不会因干湿而胀缩。

（二）粘粒

粘粒是化学风化的产物，其矿物组成以次生矿物为主，在某些土壤类型的粘化层中含量较多。粘粒颗粒细小，以化学成分讲，二氧化硅（SiO_2）含量比砂粒和粉粒要少得多。粒子细，表面吸湿性强，粘粒间孔隙很小，有显著的毛管作用，因而透水缓慢，排水困难，通气不畅。粘粒有很强的粘结力，常成土团或土块；单独的粘粒很多成片状，所以粘土的可塑性和胀缩现象显著，干时土块易于龟裂。粘粒本身含养分丰富，而且因为土粒细小，单位体积土体中土粒的总表面积就异常巨大，粘粒中的微细者，还有胶体特征，能吸附养分，所以土粒的表面吸肥力和整个土体的保肥力都较强，有效养分的储量较多。由于粘粒是土壤形成过程中的新产生物，所以它的类型和性质能反映出土壤形成的条件和作用。

（三）粉粒

颗粒大小介于粘粒和砂粒之间。其矿物成分中有原生的，也有次生的，如非晶质的二氧化硅(SiO_2)等。粉粒只有微弱的可塑性和胀缩性；粘结力在湿时明显，干时减弱。它们的很多性质介于粘粒和砂粒之间。

第二节 土壤的质地分类

一、土壤的机械组成和质地

(一)土壤机械组成

根据土壤机械分析，分别计算其各粒级的相对含量，即土壤中各级土粒所占的质量百分数称为土壤机械组成(或称土壤颗粒组成)，并可由此确定土壤质地。

土壤机械组成数据是研究土壤的最基本的资料之一，有很多用途，尤其是在土壤模型研究和土木工程计算方面。归纳起来，其用途主要有3个方面：土壤比面估算、确定土壤质地和土壤结构性评价。这三者，又可衍生出许多其他用途。早期曾以"理想土壤"与土壤机械组成资料一起，建立了各种物理—数学模型，研究土壤孔隙、渗透、吸附和盐分移动等。随着电子计算机的运用，20世纪90年代初已在大尺度的土壤水文状况和污染监测中研究应用。

(二)土壤质地

1. 概念

土壤机械组成基本相近的土壤常常具有类似的肥力特性。为了区分由于土壤机械组成不同所表现出来的性质差别，人们按照土壤中不同粒级土粒的相对比例把土壤分为若干组合，依据土壤机械组成相近与否而划分的土壤组合叫做土壤质地。有人主张："土壤机械组成又叫做土壤质地"。这是把两个有紧密联系而不同的概念相混淆了，每种质地的机械组成都是有一定变化范围的。土壤质地的类别和特点，主要继承了成土母质的类型和特点，又受到人们耕作、施肥、灌排、平整土地等的影响。土壤质地分砂土、壤土和粘土3类，它们的基本性质不同，因而在农田种植、管理或工程施工上有很大差别。这3类质地中，其机械组成均有一定的变化范围，因而又可细分为若干种质地的名称。质地是土壤的一种十分稳定的自然属性，反映母质来源及成土过程某些特征，对肥力有很大影响，因而常被用作土壤分类系统中基层分类的依据之一。所以，在制定土壤规划、进行土壤改良和管理时必须考虑到其质地特点。

2. 质地分类

古代的土壤质地分类是根据人们对土壤砂粘程度的感觉(类似于现在的"指测法")及其在农业生产上的反应。在《禹贡》中把土壤按其质地分为砂、壤、埴、垆、涂和泥等6级，记载了各种质地土壤的一些特征。19世纪后期，开始测定土壤机械组成并由此划分土壤质地，至今在世界各国提出了二、三十种土壤质地分类制，但尚缺为各国和各行业公认的土壤粒级—质地制，影响到互相交流。这里介绍国内外几种使用多年的土壤质地分类制：国际制、美国农部制、卡钦斯基制和中国质地制。它们都是与其粒组分级标准和机械分析前的土壤(复粒)分散方法相互配套的。

在众多的质地制中，有三元制(砂、粉、粘三级含量比)和二元制(物理性砂粒和物理性粘粒两级含量比)两种分类法，前者如国际制、美国农部制及多数其他质地制；后者如卡钦斯基制。有的还考虑不同发生类型土壤的差异，但有一个共同点，都是粗分为砂土、壤土和粘土3类，不同质地制的砂土（或粘土）之间，农业利用上和工程建设上表现是大体相近的。

（1）国际质地制。1930年与其粒级制一起，在第二届国际土壤学会上通过。根据砂粒（0.02～2mm）、粉粒（0.002～0.02mm）和粘粒（<0.002mm）3粒级含量的比例，划定12个质地名称，可从三角图（图5-1）上查质地名称。查三角图的要点为：以粘粒含量为主要标准，<15%者为砂土质地组和壤土质地组；15%～25%者为粘壤组；>25%者为粘土组。当土壤含粉粒>45%时，在各组质地名称前均冠以"粉质"字样；当砂粒含量在55%～85%时，则冠以"砂质"字样，当砂粒含量>85%时，则称壤砂土或砂土。

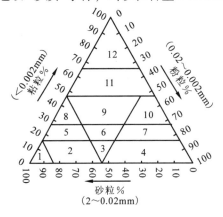

图5-1　国际制土壤质地三角图

1. 砂土及砂壤土　2. 砂壤　3. 壤土　4. 粉砂壤　5. 砂粘壤　6. 粘壤　7. 粉粘壤　8. 砂粘壤　9. 壤粘土　10. 粉粘土　11. 粘土　12. 重粘土

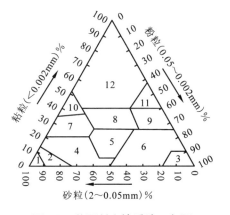

图5-2　美国制土壤质地三角图

1. 砂土　2. 壤砂土　3. 粉土　4. 砂壤　5. 壤土　6. 粉壤　7. 砂粘壤　8. 粘壤　9. 粉粘壤　10. 砂粘土　11. 粉粘土　12. 粘土

（2）美国农业部质地制。根据砂粒（0.05～2mm）、粉粒（0.002～0.05mm）和粘粒（<0.002mm）3个粒级的比例，划定12个质地名称（图5-2）。按3个粒级含量分别于三角形的三条底边划三根垂线，三线相交点，即为所查质地区。

（3）卡钦斯基质地制。有土壤质地基本分类（简制）及详细分类（详制）两种。简制是按粒径小于0.01mm的物理性粘粒含量并根据不同土壤类型——灰化土、草原土、红黄壤、碱化土、碱土划分（表5-2）；详细分类是在简制的基础上，再按照主要粒级而细分的，把含量最多和次多的粒级作为冠词，顺序放在简制名称前面，用于土壤基层分类及大比例尺制图。

表5-2　卡钦斯基土壤质地基本分类（简制）

质地组	质地名称	不同土壤类型<0.01mm粒级含量（%）		
		灰化土	草原土壤、红黄壤	碱化土、碱土
砂土	松砂土	0～5	0～5	0～5
	紧砂土	5～10	5～10	5～10

（续）

质地组	质地名称	不同土壤类型 <0.01mm 粒级含量（%）		
		灰化土	草原土壤、红黄壤	碱化土、碱土
壤土	砂壤	10～20	10～20	10～15
	轻壤	20～30	20～30	15～20
	中壤	30～40	30～45	20～30
	重壤	40～50	45～60	30～40
粘土	轻粘土	50～65	60～75	40～50
	中粘土	65～80	75～85	50～65
	重粘土	>80	>85	>65

（4）中国质地制（试用）。20世纪30年代，我国土壤学家熊毅提出一个较完整的土壤质地分类，分为砂土、壤土、粘壤和粘土4组共22种质地。《中国土壤》（第二版，1987）中公布"中国土壤质地分类"，包括其"砾质土"分类，后稍作修改（表5-3）。中国质地制有以下几个特点：①与其配套的粒级制是在卡钦斯基粒级制基础上加以修改而成的，主要是把粘粒上限从1μm提高至公认的2μm，但确定质地按照细粘粒（<1μm）两个粒级界线来划分质地；②同国际制和美国制一样，采用三元（3个粒级含量）定质地的原则，而不是用卡钦斯基制的二元原则；③在三元原则中用粗粉粒含量代替国际制的粉粒含量。这是考虑到我国广泛分布着粗粉质土壤（如黄土母质发育的土壤），而农业土壤的耕性尤其是汀板性问题（以白土型和咸沙土型的水稻土更为突出）受粗粉粒级与细粘粒级含量比的影响大。中国制比较符合我国国情，但实际应用中发现还需进一步补充与完善。

表5-3　中国土壤质地分类

（邓时琴，1985、1996）

质地组	质地名称	颗粒组成%（粒径：mm）		
		砂粒（1～0.05）	粗粉粒（0.05～0.01）	细粘粒（<0.001）
砂土	极重砂土	>80		<30
	重砂土	70～80		
	中砂土	60～70		
	轻砂土	50～60		
壤土	砂粉土	≥20	≥40	
	粉土	<20		
	砂壤	≥20	<40	
	壤土	<20		
粘土	轻粘土			30～35
	中粘土			35～40
	重粘土			40～60
	极重粘土			>60

二、不同质地土壤的肥力特点

1. 砂质土

以砂土为代表，也包括缺少粘粒的其他轻质土壤（粗骨土、砂壤），它们都有一个松散的土壤固相骨架，砂粒很多而粘粒很少，粒间孔隙大，降水和灌溉水容易渗入，内部排水快，但蓄水量少而蒸发失水强烈，水汽由大孔隙扩散至土表而丢失。砂质土的毛管孔隙较粗，毛管水上升高度小。砂质土的养分少，又因缺少粘粒和有机质使得保肥性弱，速效肥料易随雨水和灌溉水流失。砂质土含水少，热容量比粘质土小，白天接受太阳辐射而增温快，夜间散热快而降温也快，因而昼夜温差大。砂质土通气好，好气微生物活动强烈，有机质迅速分解并释放出养分，使农作物早发，但有机质累积难，其含量常较低。

2. 粘质土

此类土壤的细粒（尤其是粘粒）含量高而粗粒（砂粒、粗粉粒）含量极低，常呈紧实粘结的固相骨架。粒间孔隙数目比砂质土多但甚为狭小，有大量非活性孔（被束缚水占据的）阻止毛管水移动，雨水和灌溉水难以下渗而排水困难。粘质土含矿质养分（尤其是钾、钙等盐基离子）丰富，而且有机质含量较高。它们对带正电荷的离子态养分（如 NH_4^+、K^+、Ca^{2+}）有强大的吸附能力，使其不致被雨水和灌溉水淋洗损失。粘质土的孔细而往往为水占据，通气不畅，好气性微生物活动受到抑制，有机质分解缓慢，腐殖质与粘粒结合紧密而难以分解而容易积累，所以粘质土的保肥能力强。粘质土蓄水多，热容量大，昼夜温度变幅较小。

3. 壤质土

它兼有砂质土和粘质土之优点，是较为理想的土壤，其耕性优良，适种的作物种类多。不过，以粗粉粒占优势（60%～80%以上）而又缺乏有机质的壤质土，即粗粉壤，汀板性强，不利于幼苗扎根和发育。

从土壤质地剖面看，上轻下重是较理想的剖面，即上层土壤质地稍轻，有利于通气，而下层质地稍重（粘），有利于持水。这就是华北平原的"蒙金土"。

质地是决定土壤通气透水性和持水性的重要性质，要改变土壤质地，必须改变它的颗粒组成，最常用的就是客土法，即采用泥掺沙或沙掺泥的方法。大范围内要改变土壤质地不太现实。因此，在园林工程中，选择砂粘适中的土壤，或通过配制不同土壤获得较理想质地的土壤非常重要，因为园林工程中土方是一项大工程，土壤一旦铺垫好要改变土壤的质地较困难，重新换土则工作量更大，而土壤养分的补充相对容易。

三、不同质地对园林植物生长的影响

由于土壤质地对水分的渗入和移动速度、持水量、通气性、土壤温度、土壤吸收能力、土壤微生物活动等各种物理、化学和生物性质都有很大影响，因而直接影响植物的生长和分布。如砂质土壤水分移动速度快，因此砂质土壤上生长的植物多为深根性植物；砂质土壤通气性好，持水量低，春季升温快，因此，喜暖的阔叶林多分布于砂质土壤上；由于砂质土壤的保肥性能差，适宜生长耐贫瘠的植物。

不同植物对土壤质地的适应范围不同，有的植物适合质地较为粘重的土壤，如云杉、冷杉、桑树、柳树、湿地松、月季、常春藤等；有的植物的生长则需要良好的土壤质地，如红松、杉木、樟子松、胡桃楸、黄波罗、丁香、雪松、香樟、夹竹桃、海棠花、大岩桐等。

在园林绿化过程中，要结合不同的土壤条件选择适宜的园林植物，同时，要兼顾土壤条件之间的交叉组合状态，并结合其他生态因子来考虑，这样才能增加园林植物的适应性。

第六章 土壤物理性质

第一节 土壤孔隙度、土粒密度和土壤密度

一、土壤的孔隙度

土壤内部的空间并没有全部为土粒所填满，各土粒按一定的方式排列，其间有许多孔隙。土壤的孔隙系统包括形状、大小各不相同的大量粒间孔隙，它们之间都被比孔隙本身直径还要狭窄的通道互相联结。因此，天然孔隙系统的特点是孔隙直径在空间上的规律性变异。这种变异在极短距离内就会出现。换言之，土壤孔隙好象是一个三度空间网，它是由形状、大小各不相同的枝节状孔道所组成，而这种枝节状的孔道又是由许多更细的狭窄孔道相互交织联结，形成非常复杂的空间结构。土壤质地和结构对水、气状况的影响，归根结底是土壤孔隙的大小、多少及连通状况的问题，即土壤孔隙的质和量的问题。

（一）土壤孔隙的分类

土壤孔隙可分为非毛管孔隙(通气孔隙)和毛管孔隙，但是，这两者之间很难定出一个确切的界限。由于毛管孔隙具有较大的毛管力，可以使自由水面的水在其中上升到一定的高度(水柱厘米高度)，因此，贝佛尔(Baver)建议把毛管力大于 31.5 ~ 100cm 水柱高度(其对数为 1.5 ~ 2，详看第七章)的孔隙作为毛管孔隙，而毛管力小于这一界限的孔隙作为非毛管孔隙。在应用中往往把土壤通过毛管力的作用能持水的孔隙称为毛管孔隙，不能持水而充气的空隙称为非毛管孔隙。通常，土壤团聚体间的孔隙以非毛管孔隙为主，而团聚体内部的孔隙以毛管孔隙为主，但有机质胶结的团聚体内部也有一些非毛管孔隙存在。毛管孔隙能吸持水分，却不易通气透水；非毛管孔隙不能吸持水分，却易通气透水。由于植物根毛的直径一般在 0.01mm 左右，所以它们不能伸入直径小于这个界限的孔隙中。大多数细菌的大小约为 0.001 ~ 0.01mm 左右，因此能广泛分布于土壤孔隙系统。

（二）土壤孔隙度

土壤孔隙的多少以总孔隙度表示，即是在自然状态下单位体积土壤中孔隙体积所占的百分率。单凭总孔隙度仍不能反映出土壤孔隙的性状及其对土壤水、气状况的影响，所以还要区分出毛管孔隙度和非毛管孔隙度。一般来说，当土壤中大小孔隙同时存在，总孔隙度在 50% 左右，而其中非毛管孔隙占 1/5 ~ 2/5 时为好，这种情况使得土壤的通气性、透水性和持水能力比较协调。一般情况下若土壤的非毛管孔隙度小于 10% 时，便不能保证通气良好；小于 6% 时，许多作物便不能正常生长。但也不是说孔隙愈多愈好，这方面也有一些限度。据南京林产工业学院土壤教研组资料，苗圃的土壤在总孔隙度 64%，非毛管孔隙度 32% 时，马尾松播种后就不能立苗。

(三)影响土壤孔隙状况的因素

1. 质地的影响

砂质土壤的总孔隙度为30%~40%，但以大孔隙为主，因此给人以"多孔"的印象；粘土的总孔隙度高达50%~60%，但以小孔隙为主，所以给人"密闭"的感觉；壤土总孔隙度在40%~50%之间，其中小孔隙占一半或稍多于一半的比例(表6-1)。因此，壤土特别是砂壤土和轻壤土的孔隙分配状况对于土壤的水气协调性最为合适。

表6-1　不同质地的土壤孔隙状况

土壤质地	总孔隙度 (%)	大小孔隙的相对比率(以孔隙度为100)	
		毛管孔隙(%)	非毛管孔隙(%)
粘 土	50~60	85~90	15~10
重壤土	45~50	70~80	30~20
中壤土	45~50	60~70	40~30
轻壤土	40~45	50~60	50~40
砂壤土	40~45	40~50	60~50
砂 土	30~35	25~35	75~65

2. 结构的影响

在团聚性能良好的土壤中，孔隙状况除与质地有关外，更主要地是受结构状况的影响。通常粘土和壤土总是有一定团聚性的，多级聚合的团聚体增加了土壤孔隙度。其中微团聚体的颗粒仍然很小，所以增加的颗粒间孔隙，除有机质胶结外，还是以毛管孔隙占大多数；而团聚体的颗粒比较大，因此在颗粒间增加了许多非毛管孔隙(表6-2)。所以，我国东北的黑土，由于具有良好的团粒结构，表土层总孔隙度在60%左右，其中非毛管孔隙达16%~20%。由于大小孔隙同时存在而且比例适当，团粒间大孔隙可通气透水，而团粒内的小孔隙可保水。大孔隙因充满空气，处于好气条件下，微生物分解有机质的活动旺盛，促使养分释放；而小孔隙因充水而处于嫌气条件，有利于腐殖物质的生成。潜育土壤的潜育层，由于积水还原条件使微团聚体遭到破坏，土粒以单粒状态存在，排列紧密，所以总孔隙度仅有25%~26%左右。

表6-2　土壤团聚体大小与孔隙状况的关系

项目	团聚体直径 (mm)				
	<0.5	0.5~1.0	1.0~2.0	2.0~3.0	3.0~4.0
总孔隙度(%)	47.5	50.0	54.7	59.6	62.6
非毛管孔隙度(%)	2.7	24.5	29.6	35.1	38.7
毛管孔隙度(%)	44.8	25.5	25.1	24.5	23.9
土壤空气中 O_2 含量(%)	5.4	18.6	19.3	19.4	—
团粒中 O_2 含量(%)	0.1	4.5	5.7	6.7	7.5

(据 Doiarenko)

耕作和施有机肥料可以改善土壤的结构性，因而也就改善了土壤的孔隙状况。据中国科学院土壤及水土保持研究所测定，在华北平原的潮土耕地上，耕作施肥水平高的土壤，其中直径0.25~5mm的水稳性团聚体含量大于13%，总孔隙度59.7%，非毛管孔隙度为14%，群众称它为"高级油土"；耕作施肥水平低的土壤，其中直径0.25~5mm的水稳性团聚体含量仅为8%，总孔隙度48.3%，非毛管孔隙度仅5.1%，被称为"低级油土"。江苏北部滨海盐土地区种植田菁，在套种的第三年0~15cm土层中大于0.25mm的水稳性团聚体含量增加了19.0%，土壤总孔隙度增加了8.0%。

3. 有机质的影响

土壤有机质因其本身是多孔体，而且又是可以成为团聚体的胶结剂，所以对土壤孔隙状况的影响也很大。森林凋落物层和泥炭层的总孔隙度可达90%，林地的腐殖质土层总孔隙度也可以达到50%~60%左右，而心土层因有机质含量低，总孔隙度降至40%~45%左右。

土壤有机质含量不单影响土壤的总孔隙度，而且也影响团聚体内部的孔隙度。富含有机质的粘质黑土，总孔隙度为58%~63%，团聚体内的孔隙度可达46%~53%左右；而有机质含量低的粘质黄刚土，总孔隙度约为45%~50%，团聚体内的孔隙度仅有37%~40%左右。

4. 土粒排列

土粒排列对土壤孔隙度有较大影响，设土粒为球体（理想土壤），以不同方式排列，则其孔隙大小不同，孔隙度也不相同。最疏松的排列方式为正方体型，其孔隙度为47.64%；最紧密的排列方式为三斜方体型，其孔隙度为25.95%。若土壤相聚成团，团内为小孔隙、团间为大孔隙，总孔隙度明显增加（图6-1）。

真实土壤中土粒排列和孔隙状况比较复杂。其中有大小不同的土粒，大土粒的孔隙中还镶嵌着小土粒，加之土团、根孔、虫孔及裂隙的存在，使土壤孔隙系统非常复杂，但其趋势与理想土壤一致。从土壤磨片的观察中，可了解土团或土粒的排列松紧和孔隙分布状况。一般土壤的表层，土粒多为疏松排列，总孔隙度大多在50%左右。

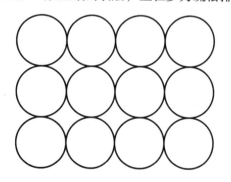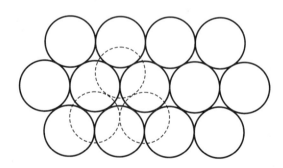

图6-1 理想土壤的最松排列（左）与最紧排列（右）

二、土粒密度和土壤密度

（一）土粒密度

单位容积固体土粒（不包括粒间孔隙）的质量，叫做土粒密度，单位用g/cm³或t/m³表示。土粒密度与水的密度（4℃时）之比，叫做土粒相对密度（旧称土壤比重），无量纲。土粒密度的大小，是土壤中各种成分的含量和密度之综合反映。多数土壤的有机质含量低，密度值的大小主要决定于矿物组成，例如，氧化铁等重矿物的含量多，则土粒密度大，反之则密度小。常见土壤成分的密度见表6－3。

表6－3　土壤中主要矿物的密度

矿物种类	密度（g/cm³）	矿物种类	密度（g/cm³）
蒙脱石	2.00～2.20	方解石	2.71～2.72
埃洛石	2.00～2.20	白云母	2.76～3.00
（多水高岭石）		黑云母	2.76～3.10
正长石	2.54～2.58	白云石	2.80～2.90
高岭石	2.60～2.65	角闪石、辉石	3.00～3.40
石英	2.65～2.66	褐铁矿	3.50～4.00
斜长石	2.67～2.74	磁铁矿	5.16～5.18

土粒密度可用比重瓶实测，通常情况下，土粒密度以多数土壤的平均值2.65 g/cm³作为通用数值。

（二）土壤密度及影响土壤密度的因素

土壤密度是指单位原状土壤体积内干土的质量，土壤密度的单位是g/cm³或t/m³。所谓单位原状土壤体积，是包括土壤中的孔隙体积在内，而原状土壤的质量仅指土壤固体物质的干重而言，不包括土壤水分的质量。所以为测定土壤密度而取土样时，不能破坏它的自然状态；并在量度体积之后，称质量之前，应将土样烘干。

土壤密度的大小取决于机械组成、结构和垒结状况以及有机质的含量和性状等因素。

若土壤单粒排列的紧密，孔隙所占的百分数小，土壤密度也就比较大。砂质土的颗粒大而总孔隙度小，其土壤密度约为1.4～1.7g/cm³；粘质土颗粒小而孔隙所占百分数较大，所以土壤密度在1.1～1.6g/cm³之间。

土壤结构和垒结状况对土壤密度的影响也很大。具有团粒结构的黑土，其土壤密度约为1.0g/cm³左右，在结构性良好的耕地上，耕作层的土壤密度也仅在1.0～1.2g/cm³之间；而结构性差、垒结紧密的潜育土层，土壤密度高达1.7～1.9g/cm³；具有块状结构的心土，土壤密度也可达1.5～1.6g/cm³左右，有些甚至达到1.6～1.7g/cm³而成为通气透水性极差和妨碍扎根的粘盘层。砂质土壤在排列极其紧密，即大颗粒间的孔隙正好为小颗粒所填充的情况下，也能形成土壤密度达1.8～1.9g/cm³、通透性差、植物不易扎根的硬盘。

土壤有机质对土壤密度也有重大影响，例如腐殖质土层的土壤密度一般比较小，这首先是因为该层土壤一般比较疏松，所以它的土壤密度约为0.8～1.2g/cm³，而在单纯是有机质的层次（例如森林凋落物层或泥炭）中，土壤密度可低到0.2～0.4g/cm³。腐殖质土层下的亚表土或心土层，土壤密度可升高到1.4～1.5g/cm³之间。

（三）土壤密度的意义

土壤密度的数值可用于计算重量和孔隙度，在一定条件下亦可用作土壤坚实度的指标。

1. 单位体积土壤重量的计算

为了计算土壤中所含水分、有机质以及各种营养元素的实际重量，需要土壤重量的数据。单位体积土壤的重量（W，t）就等于土壤体积（V，m³）与土壤密度（d，t/m³）的乘积：

$$W = V \times d$$

实际应用时由于习惯上是用市制，故需换算。例如，耕地一亩，其犁耕层深为0.5尺，则每亩耕地犁耕层的土壤重量为：一亩耕地面积为 666m²，犁耕层 0.5 尺为 0.17m，土壤密度(d)为 1.33t/m³；则 W = 666 × 0.17 × 1.33 = 150.58t，再将吨变为斤，即 150.58 × 2000 = 301160 斤。一般土壤每亩犁耕层为半市尺时，其土重为 30 万斤左右。

2. 总孔隙度的计算

土壤总孔隙度通常是根据土粒密度和土壤密度的数据推算的。因为干燥的土壤，其单位体积中只包括土粒和孔隙。设干土体积为 1，土粒体积所占比率为 V，则孔隙体积所占比率为 1 − V。又因为 V = d/dl，其中 d 是土壤密度，dl 是土粒密度，所以，以百分率表示的孔隙度(P)计算公式如下：

$$P = (1 - d/dl) \times 100$$

3. 土壤密度与坚实度

土壤坚实度是质地、结构性和垒结状况的综合反映。因此，土壤密度可以作为说明坚实度的指标之一。在同等质地条件下，土壤密度小的土壤疏松，土壤密度大的土壤坚实。例如，林地疏松土层的土壤密度有时只有 0.8t/m³ 左右，而有些土壤坚实的硬盘层土壤密度可达 1.8 ~ 1.9t/m³。有资料报道，轻质土壤密度超过 1.7 ~ 1.8t/m³，或者粘质土壤密度超过 1.5 ~ 1.6t/m³ 的，植物根系难以生长；只有那些在伸展时最大压力可达 5 或 10 大气压的根，才有可能穿进去。例如，苜蓿的根甚至可扎进土壤密度为 1.95t/m³ 的粘壤土中。

4. 极限土壤密度与适宜土壤密度

极限土壤密度是指土体坚实以致妨碍根系生长的土壤密度，适宜土壤密度指土壤的结构性与孔隙状况适宜于植物扎根生长时的土壤密度数值，它们与土壤质地及根系本身(如直径及穿插力等)有关。例如，在江西的粘质山地杉木林地上的红壤，30 ~ 50cm 处的土壤密度为 1.40 ~ 1.45t/m³，杉木主要根群的分布可伸展到 50 ~ 60cm 深的土层内，林分生长良好；而土壤密度大于 1.68t/m³，杉木根群穿不过去，因而集中在表土，有时会因为上层积水而发生烂根现象，林分生长差，有时部分枯萎。南京附近麻栎林地的粘质黄棕壤，其 50 ~ 60cm 处的土壤密度为 1.6t/m³ 左右，麻栎主要根群的分布深度可达 80cm，林分生长良好；而土壤密度达 1.8t/m³ 以上时，麻栎除主根外，其余根群不能伸入，林分生长较差。江苏省冲积平原地区引种的杂交场，土壤密度在 1.18 ~ 1.43t/m³ 之间者，根系发育健全，植株生长良好；土壤密度为 1.15 ~ 1.64t/m³，根变成椭圆形，植株生长状况中等；20cm 以下土壤密度即为 1.78 ~ 1.88t/m³ 者，根群不能伸入此层。由此可见，杉木能适应的极限土壤密度较低，杨树和麻栎等可高一些。苗木要求的极限土壤密度和适宜土壤密度数值比林木要小，针叶树小苗尤其是这样。例如，土壤密度为 1.47t/m³，火炬松出苗后 60 天内便停止生长，成为废苗。耕作层土壤密度为 1.27t/m³ 的重壤土，湿地松苗生长较差；耕作层土壤密度为 1.17t/m³ 的中壤土，湿地松苗生长良好。几种常见花卉的适宜土壤密度如表 6-4 所示。

表6-4 各种花卉的适宜土壤密度

花卉名称	土壤密度(g/cm³)	花卉名称	土壤密度(g/cm³)
杜鹃	0.1~0.3	香石竹	0.9~1.1
菊花	0.7~1.1	仙客来	0.5~0.7
山茶	0.2~0.5	樱草	0.7~1.0
月季	0.9~1.1	瓜子海棠	0.7~0.9
石楠	0.2~0.5	非洲菊	0.6~1.1
大岩桐	0.4~0.7	天竺葵	0.7~0.9
一品红	0.6~0.9	非洲紫花地丁	0.5~0.7
秋海棠	0.3~0.5	西洋八仙花	0.4~0.7

（引自《园林土壤肥料学》1988）

第二节　土壤结构

土壤结构包含了土壤结构体和土壤结构性两方面含义。土粒团聚成大小、形状和性质不同的团聚体，称土壤结构体；而土壤颗粒（包括单粒、复粒和团聚体）的空间排列方式、稳定程度及与之相关的孔隙状况，称土壤结构性。

各种土壤，或同一土壤的不同层次，往往都具有各自特定的土壤结构体。在旱地土壤耕作层往往几种结构并存，一般以占优势的结构体命名该层土壤结构。土壤结构是土壤物理性状的基础，直接影响土壤松紧、孔隙及肥力状况，它是土壤肥力协调供应的重要条件。

一、土壤结构的类型、特征及其改良

土壤结构体分类方法有很多，这里主要是按结构体的形状、大小及其与土壤肥力的关系来划分。常见的土壤结构有以下几种：

(一)块状结构体

近似立方体型，长度、宽度及高度大体相等。直径一般大于3cm，而直径在1~3cm的常称作核状结构体，外形不十分规则，多在粘重而缺乏有机质的土壤中生成。熟化程度低的黄土常见这种结构，农民常称为"死坷垃"。它们相互支撑，会增大孔隙，造成水分快速蒸发跑墒，块状结构体多有压苗作用。"坷垃"内部易干燥且紧实，遇水也不易散开。林木育苗地有坷垃出现，会使育苗的种子不易出苗，立苗扎根不良（图6-2）。

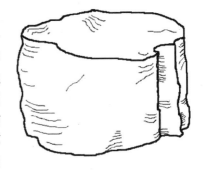

图6-2 块状结构体

改良的办法是，可在墒情合适时进行耙糖；冬季冻土后，可进行碾压。最根本的办法是提高土壤有机质含量，粘土掺砂。

(二)片状结构体

土体沿水平面排列，水平轴比垂直轴长，界面呈水平薄片状。农田土壤的犁底层、森林土壤的灰化层、园林土壤被压实部分的地表片层均属此类。片状结构体垂直裂隙不发达，内部紧实，不利于通气透水。园林土壤地表片层过厚，不仅影响植物根系生长，而且影响通气透水，造成土壤干旱，水土流失（图6-3）。

砂壤至轻壤土常出现结皮，中壤以上还会出现板结层，比结皮更坚硬，干裂的片状体对植物生长影响大，撕裂根系，漏风跑墒。消除片状结构体的最好办法是松土施用有机肥。公园街道绿地行人常经过的地方，可进行透气铺装，种地被植物，或进行必要的围栏保护。结皮或板结土壤，可采取适墒中耕，增施有机肥改良。

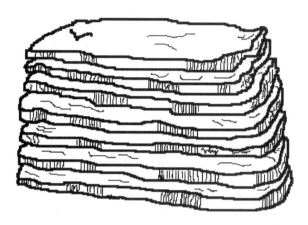

图6-3　片状结构体

(三)柱状结构体和棱柱状结构体

沿垂直轴排列，垂直轴大于水平轴，土体直立。棱角不明显叫柱状结构体，棱角明显称棱柱状结构体。前者常见于半干旱地带的心土层和底土层中，以碱土和碱化土层最典型；后者常见于粘重而有干湿交替的心土和底土层中，这种结构体大小不一，紧实坚硬，其内部无效孔隙占优势，根系难伸入，通气不良。而在结构体之间形成的大裂隙，漏水漏肥。此种结构可通过深耕施肥或深翻种植绿肥得以改良(图6-4)。

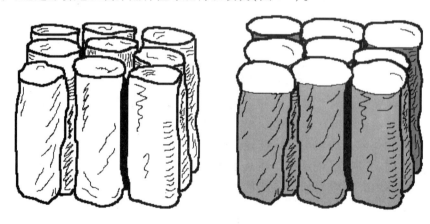

图6-4　柱状结构体

(四)团粒结构体

在腐殖质和其他外力作用下，形成的球形或近似球形、构成疏松多孔的大小土团(图6-5)，直径为0.25~10mm。直径小于0.25mm的土团，称为微团粒，有人将小于0.25mm的复合粘粒称为粘团。最为理想的团粒为1~3mm直径的团粒。改良土壤结构性在某种意义上就是指促进团粒结构的形成，它在一定程度上标志土壤肥力水平。团粒和微团粒都是土壤结构体中较好的类型。

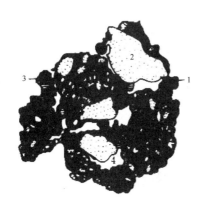 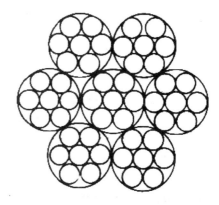

图6-5　黑钙土团粒的内部结构(左)及团粒结构的孔隙状况示意图(右)

二、团粒结构与土壤肥力

团粒结构在调节土壤肥力的过程中起着良好的作用,其功能在于使土壤肥力因素水、肥、气、热更为协调。土壤结构破坏的重要原因,是没有一定的稳固性。好的团粒结构,首先应具备"水稳性"和"机械稳固性"。结构体在水中不分散的团粒,称作水稳性团粒结构。在一定外力作用下,不易遭受破坏的团粒称"机械稳固性"团粒。同时具备抗生物分解破坏能力则更好。团粒体在干旱地带近于球形且直径在 0.25~10mm 为好,其中以有一定数量的 0.5~3mm 直径为佳。在湿润地带,团粒体适宜直径可达 10~20mm。团粒体还应有多级孔径的孔隙,各类孔隙比例恰当。由单粒相互凝聚成微团粒,进而再胶结成大的团粒结构。这样既有适量的通气孔隙,又有适量的小孔隙,通气性、保蓄性兼而有之。

团粒结构在肥力因素上的协调作用:

1. 能协调土壤水分和空气的矛盾

具有较好团粒结构的土壤,团粒内部有大量毛管孔隙,团粒间有一定数量的通气孔隙。当降雨或灌溉时,水分迅速进入土壤,并为毛管孔隙容纳保持,多余的水能较快下渗,减少地表径流、冲刷侵蚀,团粒象个"小水库"。大孔隙渗水后空气能及时补充,团粒间有较充足的的空气,团粒内贮存较充足的水分,很好地解决了土壤的水、气矛盾。由于团粒间毛管孔隙较少,而且地表层团粒干缩后,切断了与下面团粒的联系,形成保护层,水分蒸发减缓,能延缓旱情。抗旱耐涝,通气保水。

2. 能协调土壤养分消耗和积累的矛盾

具有团粒结构的土壤,团粒内毛管孔隙经常保持较多的水分,缺乏氧气。团粒间形成一定数量的通气孔隙,有充足的氧气供给。前者嫌气微生物活动活跃,进行嫌气分解,有机质缓慢分解使养分得以保存;后者通气良好,好气微生物活动活跃,有机质分解快,养料转化迅速。团粒间好气性分解愈强烈,耗氧愈多,团粒内部愈缺乏氧气,使分解愈慢。因此,具有团粒结构的土壤,是由团粒外层向内层逐渐释放养分,嫌气、好气微生物同时作用,养分积累、释放协调进行,使植物源源不断地获得营养,起着"小肥料库"的作用。

3. 能调节土温,改善土壤温度状况

团粒结构中水、气协调,有机质较多,土色比较深暗,土壤温度变化小,这个土层的温度得到土壤水分的调节。白天比不保水的砂土土温低，夜间却比砂土土温高，所以白天、黑夜，上下土层温度变幅小，利于植物发根生长。

4. 改良土壤耕性，改善植物扎根的土壤条件

有团粒结构的土壤，粘结性、粘着性都降低，土壤疏松多孔，易于耕作管理。松软多孔的土壤，根系穿插阻力小，根系能较均匀分布，扩大吸收面积，在较适的扎根条件下根系生长旺盛。

三、土壤结构的形成

土壤结构包括团粒结构的形成机制较复杂，一般说应有两个方面的条件即胶结物质和结构形成动力。土壤胶结物质，是形成理想结构的主导因素。

（一）土壤结构形成的胶结物质

1. 有机胶体的胶结作用

有机质是土壤团粒结构形成的重要胶结剂。有机质分解、合成的腐殖质与矿物质土粒结合，形成有机矿质复合体，性质比较稳定，不易遭微生物分解，形成水稳性团粒结构。微生物分解产物如多糖类、糖醛类、菌丝体及其他粘液，也是形成水稳性团粒结构的基础。

2. 无机胶体的粘结作用

土壤中较常见的无机胶体物质如碳酸钙、硅酸、铁、铝的氧化物、粘粒，在湿润时能起到粘结作用，把土粒和微团粒粘结在一起，干燥脱水后成型。

3. 土粒表面的胶膜及 Ca^{2+} 等高价阳离子对土壤的凝聚作用

土壤矿物质颗粒，在长期的物理、化学及生物风化作用下，外表形成一层不透明的薄膜，易于水化、膨胀及进行离子交换，具有凝聚作用。Ca^{2+} 等高价离子对土壤的负电胶体有凝聚作用，且具有不溶性和较强的稳固性。大量施用 NH_4^+ 态化肥时，能抵消 Ca^{2+} 等高价离子的凝聚作用，破坏土壤结构。

（二）土壤结构成型的动力

1. 土壤干湿交替作用

土壤胶体具有干缩湿胀特性，在胀缩过程中因受力不均，土体产生不等变形，水气压缩，使土壤酥化。特别是干燥的土块，灌水后反而极易破碎。

2. 冻融交替作用

土壤孔隙中的水分，因结冰增大体积，对土壤孔隙压力很大，土内产生裂痕。融化后沿裂痕酥散。冻结作用也能使胶体脱水凝聚，秋耕冬灌有酥化土壤的作用。

3. 胶体的凝聚作用

负电胶体在高价阳离子作用下凝聚起来，形成水稳性团粒。而一价钠离子，能阻碍、破坏凝聚作用。

4. 生物作用

植物根系穿插挤压，蚯蚓及其他土壤动物活动的作用。如蚯蚓以植物残体为食，并吞进大量泥土，其粪便排除体外，是很好的团粒。

5. 合理翻耕，施用肥料的作用

在适宜的土壤水分含量情况下翻耕，打破板结层，形成疏松土层。增施有机肥，无机、有机肥混合使用，利于团粒结构的形成。

四、创造园林土壤团粒结构的措施

园林植物需要有较好的土壤结构条件，以满足园林植物生长的需要，创造园林土壤团粒结构，通常有以下几种措施：

1. 深翻施用有机肥

园林土壤表土，有一部分为堆垫的人工土壤，如果杂物过多，最好深翻过筛，施用有机肥，也可翻土施肥。常使用的有机肥为腐叶土。北京陶然亭公园，在炉灰、生活垃圾堆垫土上和粗细砂堆垫土上施用有机肥(针叶土)效果很好。北海公园团城古树下施用针叶土，形成了大量的团粒结构。农业土壤常通过施用农家肥及堆沤过的圈肥增加土壤有机质含量，目前也有许多地方施用处理过的干鸡粪，效果也很好。

2. 围栏保护，种植地被植物

北京天坛公园古树群围栏保护做的较好。围栏 8～10 年，种植豆科植物，其根系穿插作用明显，加之蚯蚓活动活跃，紧实的地表层开始自然形成团粒结构，尽管分布不均匀，但已见较好的回归自然的生态效果。

3. 正确耕作

花园、苗圃要在合适的土壤墒情下播种、移植、中耕、施肥。在农田管理时，适时翻地、中耕都可以促进土壤形成较好的结构体。

4. 合理灌水

公园、街道树木、草地土壤灌水不要大水漫灌，减少人为冲刷，推广喷灌、滴灌。古树群难以开盘灌水，挖渗水井灌水施肥效果也较好。大树下开盘灌水最好结合施用有机肥，一次灌水灌足。

5. 施用结构改良剂

一些国家用人工制成的胶结物质改良土壤结构。随着有机合成工业的发展，土壤结构改良剂会逐步得到推广应用。

团粒结构虽然有许多优点，但无需一味追求，园林工作者要因地制宜，就地取材，在生产实践中筛选本地较佳的土壤改良培肥的方法。

第七章 土壤水分、空气、热量状况及其调节

土壤水、气、热状况，对土壤的形成、土壤性质及变化过程有决定性影响。三者相互矛盾、相互影响和制约，对植物的生长发育产生直接影响，是土壤肥力因素的重要组成部分。

第一节 土壤水分

土壤水是自然界水循环的一个环节，它的变化影响到土壤生态系统的水量平衡。在土壤中，它是土壤肥力因素最活跃的部分，直接影响土壤通气状况、热量状况、微生物活动、养分转化，对土壤肥力的其他因素有明显的制约作用。

一、土壤水分类型和性质

土壤具有复杂的孔隙系统，水和空气充满其间。土壤水受到重力作用和毛管引力、土粒间分子引力作用等，形成不同物理状态的水分类型。不同类型的土壤水分界限不很明显，一般按其存在的形态分为下列几种类型：

$$\text{土壤水}\begin{cases}\text{固态水——土壤水结冰时的冰晶} \\ \text{汽态水——存在于土壤空气中} \\ \text{束缚水}\begin{cases}\text{吸湿水（紧束缚水）} \\ \text{膜状水（松束缚水）}\end{cases} \\ \text{自由水}\begin{cases}\text{毛管水}\begin{cases}\text{悬着水} \\ \text{上升水}\end{cases} \\ \text{重力水} \\ \text{地下水}\end{cases}\end{cases}$$

(一)吸湿水

土壤颗粒具有从大气和土壤空气中吸持汽态水的特性，我们称之为土壤的吸湿性。吸湿的原因是由于土粒表面分子间互相吸引。以此种方式吸附在土粒表面的水，称为吸湿水。在不同的大气相对湿度下，土壤吸水量不同，在一定的大气相对湿度下，土壤所吸附的吸湿水量，称为土壤吸湿量。当大气相对湿度为100%（饱和湿度）时，吸湿水量达到最大值，称为最大吸湿量或吸湿系数。

土壤吸湿量的大小与土壤质地和大气相对湿度有关。土壤质地愈细，有机质含量愈高，其总表面积愈大，吸湿量也就愈大。大气相对湿度高，土壤吸湿量愈大。一般吸湿水所承受的吸持力在 $31 \sim 10000\text{bar}$ 以上，被土粒紧密吸附而不能移动（又称紧束缚水），近似固体水性质。因植物根系细胞水渗透压平均15bar左右，所以吸湿水很难被植物利用。在对土壤性质进行分析计算时，要测定出风干土的吸湿水含量，以便用绝对干土重进行计算。

(二)膜状水

当土壤含水量达到最大吸湿量时，土粒还可借剩余分子引力，在吸湿水层外吸附一层新的液态水膜，我们称这层新水膜为膜状水。膜状水的水膜达到最大量时的土壤含水量，称为最大分子持水量。土粒吸持膜状水的引力为 6.25～31.0bar，有较高的粘滞性和密度。尽管重力不能使膜状水移动，但膜状水自身却可以从水膜厚处往水膜薄处移动，移动速度极缓慢，与吸湿水相比较，称其为松束缚水。植物根毛接触到膜状水时才可被吸收利用。因膜状水的补充很慢，对植物有效性很低，只能利用一部分膜状水。

(三)毛管水

土壤具有复杂的毛管体系。在毛管引力作用下，可以保持多于最大分子持水量的水分，我们称依靠毛管引力克服重力作用，而保存于毛管孔隙中的水分为毛管水。孔隙在孔径小于 8mm 时，才具有毛管作用；孔径在 0.001～0.1mm 范围时，毛管作用最为强烈。当孔径小于 0.001mm 时，膜状水已充满其间，使其失去毛管作用。毛管水具有一般自由水的特点，其所承受的引力在 0.08～6.25bar 之间，能溶解溶质，移动速度快，数量大。其运动方向是由毛管力小的地方(即水分多的地方)向毛管力大的地方(水分少的地方)移动；从粗毛管处向细毛管处移动，向土壤蒸发面、根系吸水点移动，它是植物利用土壤水分的主要形态。

毛管水又可分为毛管悬着水和毛管上升水。当大气降水或灌溉后土壤中大部分水分经通气孔隙排除，还有一部分水分被土体内毛管孔隙所吸持，但又不与地下水相连，就像被"悬挂"在土壤上层毛管中，这部分不受地下水源补给影响的毛管水称毛管悬着水。当这种水保持最大量时的土壤水分含量，称田间持水量，在形态上包含吸湿水、膜状水和悬着水的全部。田间持水量的大小与土壤孔隙状况及有机质含量有关，粘质土壤、结构良好或富含有机质的土壤，田间持水量大。田间持水量是大多数植物可利用的土壤水上限，大多数土壤只在降水后达到田间持水量。常用它作为计算相对含水量的基础数值。一般认为自然含水量相当于田间持水量的 60%～100%(即相对含水量在 60%～100%)，有利于植物对水分的吸收利用。也常用它计算灌水量。

毛管上升水也称支持毛管水，是指土壤受到地下水源支持，并上升到一定高度的毛管水。这是借毛管引力上升，并保持在上层土壤中的水分。在毛管上升水达到最大含量时称为毛管持水量，或毛管蓄水量。毛管上升水可以上升到根系活动层，供植物生长所需。许多有湖有河的公园或城市绿地，植物可以利用毛管上升水。但在北京城区，有一大部分地区，地下水位受地下工程影响(如地下铁道的修建)，地下水位降低，不可能上升到植物根层。地下水含盐高的地区，毛管上升水到达地面，往往造成盐渍化。像原北京玉渊潭公园的樱花园，常受到地下水所致盐的危害，使部分樱花生长很差。

(四)重力水

当灌水或大气降水强度超过土壤吸持水分能力时，土壤的剩余引力基本饱和，受重力作用多余的水通过大孔隙向下移动，这种形态的水称为重力水。重力水饱和时的土壤含水量称为土壤全蓄水量或土壤饱和含水量。多余水下移，可成为地下水的供给源。一时不能排出，暂时滞留在土壤的大孔隙中，就成为上层滞水，有碍土壤空气的供应，对高等植物根系的吸水有不利影响。

（五）地下水

土壤或其母质下层如出现连续的不透水层，下渗的重力水就会形成有一定厚度的饱和水层。不但将土壤或土壤母质的孔隙充满，还可以流动，即形成了地下水。地下水可以借毛管力上升到一定高度，这就是毛管上升水，供植物生长所需。如地下水位过高，在水分的蒸发过程中，会使水中溶质随之上升而发生土壤盐渍化。在地下水位过低时，毛管水上升高度不及植物根层，因此在这些地区适时灌水对植物的养护十分重要。

上述水分分类，是传统的分类方法，随着测试手段的提高，能量观点的应用、普及，会使土壤水分管理更科学系统化，但在目前的生产上，传统的水分分类及测试手段仍广泛应用。

二、土壤水分表示方法及土壤水分有效性

（一）土壤含水量的表示方法

至今在科研和生产上广泛应用的土壤水分表示方法，归纳起来有以下几种：

1. 土壤含水量（质量百分比）

指土壤在某一时间，实际含水的质量占其绝对干土（以烘干土计算）质量的百分比。基本计算公式为：

$$土壤质量含水量（质量）= \frac{土壤水质量}{干土质量} \times 100\% = \frac{湿土质量 - 干土质量}{干土质量} \times 100\%$$

这是土壤含水量的一种基本的表示方法，也是最常使用的表示方法。

2. 土壤含水量（容积百分比）

指土壤水分体积占整个土壤体积的百分数，它可由质量百分数换算得到。

$$土壤容积含水量（容积）= \frac{水的体积}{土壤体积} \times 100\% = 土壤含水量（质量）\times 土壤容重$$

土壤容积含水量能反映土壤孔隙的充水程度，可计算出土壤的固、液、气相的三相比。例如，某土壤含水量（重量）为 20.0%，土壤密度为 1.2，可求得：土壤容积含水量 = 20.0% × 1.2 = 24.0%。土壤密度为 1.2 时，其土壤总孔隙度为 55%，则空气所占体积为 55% - 24.0% = 31.0%，而其固相体积为：100% - 55% = 45%。

3. 以水层厚度表示

将一定深度的土壤水分换算成水层厚度（mm）表示，也称蓄水量。只是为了使土壤含水量便于与气象资料的降水量、植物耗水量等进行比较。换算公式如下：

$$土壤蓄水量（mm）= 土壤深度（mm）\times 土壤含水量（体积）$$

例如，某土层深度为 1000mm，土壤含水量（质量）为 20%，土壤密度 1.1，则其水层厚度为：

$$土壤蓄水量（mm）= 1000（mm）\times 20\% \times 1.1 = 220\ mm$$

4. 以水的体积（m^3）表示

计划灌水时，常用到单位体积土壤含水体积（m^3/亩）。可将水层厚度乘以面积得出其体积。但需将水层厚度单位 mm 换算成 m，然后乘以每亩面积（666.6 m^2）得出每亩水的体积。计算公式如下：

$$土壤蓄水量（m^3/亩）= 每亩面积（m^2）\times 土层深度（m）\times 土壤密度 \times 土壤含水量（质量）$$

如某土壤含水量为20%（重量），土壤密度1.1，深度为1 m，求每亩蓄水量为多少方。由上式求得：

土壤蓄水量（m³/亩）＝666.6 m² × 1 m × 1.1 × 20%　＝146.6 m³/亩

根据土壤蓄水量可以计算出灌水量。如某土壤田间持水量为25%（质量），土壤密度1.1，测得土壤自然含水量为10%，现要将每亩1m深的土层内含水量提高到田间持水量水平，问应灌水多少（m³/亩）？

应灌水量（m³/亩）＝666.6 × 1 × 1.1 × （25% – 10%）≈ 110 m³/亩

5. 相对含水量

相对含水量是把绝对含水量与某一标准（田间持水量或饱和含水量）进行比较，表示土壤中水分的饱和程度。一般所用相对含水量是以土壤自然含水量占该土田间持水量的百分数表示：

$$土壤相对含水量（\%）＝ \frac{土壤自然含水量}{土壤田间持水量} × 100\%$$

如某苗圃土壤田间持水量30%（质量），测得当时土壤自然含水量20%，则相对含水量为：

$$土壤相对含水量（\%）＝ \frac{20}{30} × 100　＝　66.7\%$$

一般认为，土壤相对含水量为60%～80%，最有利于植物生长，但也有不少植物能在更湿润的土壤中生长。

（二）土壤水分对植物的有效性

土壤中的水分，只有一部分是植物可以吸收利用的。能被植物吸收利用的那部分水，称有效水。有效水中，根据植物吸收利用的难易，又可分为速效水、弱有效水、迟有效水等。不能被植物吸收利用的水，称无效水。植物根系的吸水力大于、等于土壤对水的吸力，植物就可以吸收水分，保证正常生长所需；当土壤中的水分减少到一定程度，土壤对水的吸力就会大于植物吸水力，植物根系吸水困难，茎叶蒸腾所消耗的水量大于根吸水量，以致产生植物永久萎蔫现象，这时土壤的含水量称为萎蔫系数或凋萎系数。多数常见植物凋萎系数出现在水吸力10～20 bar，平均约为15bar。凋萎系数以上的水对植物才有效，所以土壤有效水是在田间持水量以下、凋萎系数以上范围内的水（表7-1）。

土壤有效水最大含量（%）　＝　田间持水量（%）– 凋萎系数（%）

表 7-1　土壤质地对有效水含量范围的影响

土壤质地	田间持水量（%）	凋萎系数（%）	有效水含量范围（%）
松沙土	4.5	1.8	2.7
沙壤土	12.0	6.6	5.4
中壤土	20.7	7.8	12.9
轻粘土	23.8	17.4	6.4

超过田间持水量的水，植物能够吸收利用，但由于影响土壤通气性，会导致根系生长受抑制，产生还原性物质，毒害植物。地下水位较高地区引起的毛管支持水，同样为有效水。

在土壤中，最有利于植物吸收、运动速度又快的是速效水。其有效范围在田间持水量的 70%（即毛管断裂量）到田间持水量。植物吸水力明显高于土壤对水的吸力，水向根吸收点迅速运动。而从田间持水量的 50%～70% 之间较粗的毛管水，已被大部分利用，呈不连续状态，水分运动很慢，植物可利用，但常呈"根就水"状态。我们称此类水为弱有效水。从萎蔫系数到田间持水量的 50%，植物要消耗更多的能量才能吸收，称迟效水。

三、土壤水分运动

土壤水分运动主要有饱和水（重力水）、非饱和水（毛管水）、汽态水运动 3 种形式。

（一）饱和水运动

在土壤中，有些情况下会出现饱和流，如大量持续降水和稻田淹灌时会出现垂直向下的饱和流；地下泉水涌出属于垂直向上的饱和流；平原水库库底周围则可以出现水平方向的饱和流。当然以上各种饱和流方向也不一定完全是单向的，大多数是多向的复合流。饱和流的推动力主要是水压梯度，基本上服从饱和状态下多孔介质的达西定律，即单位时间内通过单位面积土壤的水量与水压梯度成正比。达西定律可以公式表示：

$$q = -K_s \frac{\Delta H}{L}$$

式中：q——表示土壤水流通量；

ΔH——表示水压梯度差；

L——水流路径的直线长度；

Ks——土壤饱和导水率。

土壤饱和导水率是土壤透水性能的指标，它与土壤孔隙状况、土壤质地、结构有关。砂质土大孔隙多，因而其饱和导水率比粘质土要大。具有稳定团粒结构的土壤，比具有不稳定团粒结构的土壤传导水分要快得多，后者在潮湿时结构就被破坏了，细的粘粒和粉砂粒能够阻塞较大孔隙的连接通道。园林压实土壤与未压实土壤相比饱和导水率相差 5～6倍，这是园林土壤产生地表径流的一个重要原因。

（二）非饱和水运动

依靠毛管力保持在土层中的水，其运动服从毛管运动的一般规律，运动方向受毛管力的大小支配，即由毛管力小的一端向毛管力大的一端运行，由毛管粗的地方向细的地方移动，由团粒外部向团粒内部移动，向地表蒸发面和根的吸水点运动。

土壤非饱和流也可用达西定律来描述，对一维垂向非饱和流，其表达式为：

$$q = Ks(\Psi m)d\Psi/dx$$

式中：$K(\Psi m)$ 为非饱和导水率；

$d\Psi/dx$ 为水压梯度。

非饱和条件下土壤水流的数学表达式与饱和条件下的类似，二者的区别在于：饱和条件下的水压梯度可用差分形式而非饱和条件下则用微分形式；饱和条件下的土壤导水率 Ks 对特定土壤为一常数，而非饱和导水率是土壤含水量的函数。

当地下水位埋藏不深时，地下水借毛管力上升，可供植物吸收利用，其上升高度可从毛管作用公式求得：

$$H = \frac{2T}{rdg}$$

式中：*H*——毛管上升高度；

　　　T——表面张力；

　　　r——毛管半径；

　　　d——水的密度；

　　　g——重力加速度。

常温下，*g*、*d* 均为常数，*T* 与毛管半径 *r* 有关，上式可简化为：

$$H = \frac{0.15}{r} \text{ (cm)}$$

孔隙半径与毛管上升高度成反比，但实际上，并不是孔隙越细，上升高度越高，而只是在一定孔径范围。一般说，砂性土孔隙半径大，毛管水上升高度低，而速度快；壤质土和粘质土的孔隙半径小，毛管水上升高度大，但速率慢；过分粘重土壤孔隙太小，水分运行摩擦阻力大，以至为膜状水所充满，上升速率极慢。

(三) 汽态水运动

当土壤的重力水排除后，通气孔隙便有汽态水运动，运动速度和方向与汽压梯度有关。主要表现为水汽凝结和土壤蒸发。

1. 水汽凝结

土壤孔隙中，空气相对湿度常是近饱和状态。土壤汽态水运动速度和方向受汽压梯度影响。水汽压可随土壤含水量和土壤温度增高而相应增大。土温高，水汽化快，水汽压升高，水汽向低温、水汽压低的方向运动，压差大，运动速度快。季节和昼夜温度变化，使土壤上、下层温度产生差异，水汽压随之发生变化，引起水汽的运动。秋冬季，表层土温低于下层，于是产生下层水分汽化向表层运动，上升过程中遇冷凝结。冬季冻结的表土层，水汽压很低，下层水汽压相对较高，下层水汽不断上移，使冻土层逐渐加厚，形成"冻后聚墒"。夜晚水汽往往从暖的土壤下层向冷的上层移动，在冷处凝结为液态水，这就是土壤"夜潮"现象。

2. 土壤蒸发

土壤水以汽态形式扩散到大气中散失的现象，称为土壤蒸发或跑墒。表土层与近地面大气中的水汽压梯度决定了蒸发强度。干旱少雨地区和季节，太阳辐射强，易产生强烈的地表蒸发。因表土受热升温，近地表气温升高快，扩大了二者的水汽压差，加速蒸发。风可扩大土壤与空气界面间的水汽压梯度，加速蒸发。土壤含水量高，土壤吸力小，易加快蒸发。有较多的地被植物，能降低表土与近地表空气的水汽压差，降低蒸发。

在毛管水断裂量以上，水分运动传导快，蒸发速度快。土壤板结压实蒸发强烈，及时中耕松土很重要。

第二节　土壤空气

土壤空气是土壤的重要组分和肥力因素之一。它对土壤形成和作物生长、微生物活动、养分转化等土壤的理化性质和生物化学过程都有重要影响。以下就土壤空气的特点、气体交换和通气性以及对作物等影响进行介绍。

一、土壤空气的主要特点

土壤空气存在于未被水占据的土壤孔隙中。它大部分是从大气进入的，另一部分是土壤中各种生命活动过程的产物。因此，它与大气的组成既相似又有差异（表7-2）。一般愈接近地面的土壤空气与大气愈相似，而愈往下两者差异愈大。

表7-2　土壤空气与大气组成的比较（容积%）

气 体	O_2	CO_2	N_2	其他气体
近地面大气	20. 94	0. 03	78. 05	0. 95
土壤空气	18. 0 ~ 20. 03	0. 15 ~ 0. 65	78. 8 ~ 80. 24	—

土壤空气与大气比较的主要差别如下：

（1）土壤空气中 CO_2 的含量高于大气。一般大气层中 CO_2 的含量约为 0.03%，而土壤空气中 CO_2 含量较之多几倍至几十倍。这主要是由于土壤内微生物分解有机质时产生大量的 CO_2 与根系和微生物呼吸作用放出大量 CO_2 的结果。此外，土壤中碳酸盐（如 $CaCO_3$）与酸类作用时也能产生 CO_2。

（2）土壤空气中 O_2 的含量低于大气。这主要是根系和微生物呼吸作用耗 O_2 的缘故。

（3）土壤空气中的水汽含量高于大气。只要土壤含水量超过最大吸湿量，土壤空气湿度总是接近水汽饱和状态。而大气的相对湿度即使在雨季，也不一定接近饱和。

（4）土壤空气中有时含有还原性气体。如硫化氢（H_2S）、甲烷（CH_4）、氢气（H_2）等，多是有机质在嫌气条件下分解的产物。多出现于渍水或表土严重板结以致通气不良的土壤中。

此外，土壤空气往往随不同季节和深度而变化，其 O_2 和 CO_2 含量互相消长，两者总量维持在 19% ~ 22% 之间。CO_2 的含量随土层加深而增多，而 O_2 的含量则相反，随土层加深而减少。表土 CO_2 含量以冬季最少，夏季为最多。

二、土壤空气与大气的交换和通气性

（一）气体交换

土壤空气与大气间经常进行着气体交换。气体交换有两种形式：一种是整体流动；另一种是气体扩散。后一种是主要的。气体是从分压高处向低处扩散。由于土壤中 CO_2 浓度（或分压）大于大气，所以 CO_2 总是由土壤中向大气扩散，以补充大气中 CO_2 的来源，为绿色植物的光合作用提供原料，这对生产有利。而土壤中 O_2 的浓度（分压）小于大气，所以大气中的 O_2 总是向土壤中扩散。这种从土壤中排出 CO_2，而 O_2 由大气中进入土壤的作用，称之为"土壤呼吸"。正因为有了土壤呼吸作用，推动着土壤空气的交换和更新。只要土壤中生命活动不停，这种气体更新也就不会停止。

（二）通气性

土壤与大气间的气体交换、土壤呼吸和土壤空气更新是否顺利进行，在很大程度上决定于土壤的通气性。所谓土壤通气性是指土壤允许气体通过的性能。通气性的好坏主要决定于土壤孔隙状况，特别是未被水占据的大孔隙的数量。因此，凡是影响土壤孔隙状况的因素：土壤质地、结构、有机质含量、松紧状况及土壤水分含量等都将影响土壤通气性。

所以农业生产中常采用改良土壤质地、增加有机质含量、促进良好结构的形成，适当深耕、中耕松土排水落干等措施，以调节土壤通气性和改善土壤空气状况。

除了土质粘重而又缺乏良好结构体的土壤、土壤板结、低洼积水等造成土壤通气性不良外，一般旱作土壤因通气不良影响作物生长的现象并不多见。

（三）土壤通气性好坏的表示方法

主要有土壤通气孔隙度、土壤氧扩散率和 Eh 值等。

（1）土壤通气孔隙度　一般认为旱地作物正常生长需要土壤通气孔隙度在 10% 以上。

（2）土壤的氧扩散率　它是指每分钟以扩散方式通过每平方厘米土层的氧的克数（或微克数）。它的数值表示土壤中氧的补给和更新的速率。土壤氧扩散率，一般要在 30×10^{-8} 至 40×10^{-8} g 以上，才能保证大多数植物正常生长的需要。

（3）Eh 值　即氧化还原电位。土壤通气性好坏影响土壤的氧化还原条件，反映土壤溶液中溶解氧的供应情况。土壤通气良好，土壤空气中氧的含量高、分压大，因而土壤溶液中溶解氧的数量也多，使土中某些物质如氮、铁、锰、硫等呈氧化态，反之，呈还原态。一般认为 Eh 值为 300mV 时是土壤呈氧化状态或还原状态的界限。旱作土壤通气良好时 Eh 值可达 $600 \sim 700$ mV。新稻田的 Eh 值只有 200 mV 左右；老稻田淹水时，Eh 值可低到 -100 至 -200 mV。

三、土壤空气对园林植物生长和园林土壤肥力的影响

土壤通气性能的好坏，对种子发芽、根系发育生长、土壤微生物活动、土壤养分转化及其他一些性状影响很大。

园林植物的种子萌发同样需要较好的湿度、温度和通气条件，因为种子内部物质转化和代谢活动需要氧气，当土壤空气中的 O_2 含量小于 10% 时，大多数植物根系发育不良。在不良的通气条件下，有机质分解产生的醛类、酸类会抑制种子萌发。土壤通气良好，植物根系发育健壮，根毛多，根系有氧呼吸旺盛，供给植物吸收营养物质的能量就多，利于吸收土壤中的营养物质。许多树种都要求土壤通气孔隙在 15% 以上。有人认为植物根系生长的氧扩散率临界值在 $12 \sim 33 \times 10^{-8}$ g/cm² 为好。对于苗圃土壤来说，土壤通气孔隙最好能保持 15% ~20%，即使在游人常去的公园，土壤通气孔隙也应在 10% 以上为好。

土壤通气良好，O_2 充足，利于有益微生物活动和有机质分解，释放出土壤速效养分；通气不良，不利植物吸收养分，甚至会产生许多还原态物质，对植物产生毒害作用。土壤通气不良可使植物抗病性减弱，诱发各种病害发生。但 $Ca(PO_4)_2$ 和 $FePO_4$ 的溶解度在缺氧条件下可提高，从而增加磷的有效性。试验证明，土壤通气良好时，氮肥和钾肥的肥效可明显提高。

土壤通气性对土壤氧化还原状况影响较大。通气良好，土壤呈氧化状态，Eh 值可达 $600 \sim 700$mV，利于苗木生长。

不同植物对土壤通气性的适应力不同，有些植物能在较差的通气条件下正常生长，土壤水分含量增多，造成土壤空气含量的减少，只能适于耐水湿、耐低氧植物的生存，如挪威云杉在土壤 5% 的通气量时可旺盛生长；有的植物要在 15% 以上的通气量才能生长良好，如美国白蜡、美国椴等。一般来讲，土壤通气孔隙占土壤总容积的 10% 以上时，大多数植物都能较好地生长。较好的通气条件有助于植物根系的发育和种子萌发，因此，园林苗圃

等经常用砂质土进行幼苗培育。

第三节　土壤热量

土壤热量状况与土壤中的一切生命活动、化学变化和物理过程都有密切关系。植物生长、土内微生物活动、土壤养分转化和土壤水、气运动等都深刻地受到土壤热量状况的影响。所以，土壤热量是土壤重要的物理性质和肥力因素之一。

土壤热量状况常体现为土壤温度的变化。土壤温度是由土壤热平衡和土壤热性质共同决定的。

了解土壤热量的平衡、特性和土温变化规律，对于调节土温状况，提高土壤肥力和适应作物丰产要求等具有重要意义。

一、土壤热量的来源及其影响因素

土壤热量与其收支（平衡）情况有密切关系。土壤热量主要来源于太阳辐射能（称之为"基本热源"）；其次是土内生物热（如微生物分解有机质时所放出的热）、某些化学反应放出的热量和地球内部向地表传出的地热等。这些热源与太阳辐射热相比，其数量有限，只是"辅助性热源"，但在农业生产中也常加以利用，如利用骡马粪作为苗床的酿热物进行温床育苗就是一例。

阳光垂直照射时，辐射到地面上的能量约为 $8.12J/cm^2 \cdot$ 分钟。但是由于地球表面各地所处的地理位置不同，太阳辐射强度也不同。不同季节和昼夜之间，太阳辐射到达地表的热量多少也有很大的差异；即使到达地表的辐射热还有许多变化，其中有一部分被反射到大气去，其余部分被土壤吸收。土壤吸收这部分热量后，有一部分还要以辐射的方式再返回大气，有一部分用于土壤水蒸发，还有一部分传给下层土壤，余下的热量才用于本身的升温。这就是土壤热量平衡（收支）的大致情况。

影响地面接受太阳辐射能的数量（或强度）的因素主要有纬度、海拔、地形、坡向、大气透明度和地面覆盖物等。

（一）纬度

在低纬度地区，太阳直射地面，辐射强度大（即单位面积土壤上接受的辐射热多），所以土温高。而高纬度地区，太阳斜射地面，辐射强度小，所以土温较低。我国地处北半球，辐射强度由南向北减弱，所以同期低纬度的南方地区的土温高于中纬度的北方地区土温，更高于高纬度地区。

（二）海拔

平均海拔每升高 100m 气温下降 0.46℃。土温和气温一样，随海拔高度的增加而逐渐降低。

（三）坡向

在北半球，南坡朝向太阳，接受太阳辐射热多，土壤蒸发作用较强，土壤温度偏高，其土温往往高于相同情况下的东坡、西坡，更高于北坡。因此，利用坡向土温的差异来种植需热量不同的作物，是山区农业生产应注意的问题。

(四)大气透明度

大气透明度大时,白天到达地面的太阳辐射热多。但夜间散热也快,昼夜温差大,在北方秋末冬初有时夜间会出现霜冻。

(五)地面覆盖物

植被可直接阻挡太阳辐射,也可减少地面向大气散热,所以土温较无植被的稳定。雪的传导率小,为不良导热体,因此地面积雪有利于保温。

二、土壤的热性质

同一地区,到达地表的太阳辐射能是基本相同的。但是,为什么同一地区不同土壤不同状态下其土温相差很大,这主要是由于这些土壤本身的热性质不同的缘故。土壤的热性质主要包括土壤热容量、土壤导热性和土壤导温性。

(一)土壤热容量

它是指单位质量或单位容积的土壤,温度每升高(或降低)1K(开尔文)时所吸收(或放出)热量的焦耳数。通常用 C 代表质量热容量,单位为焦/(克·开)[即 J/g·K]。用 Cv 代表容积热容量,单位为焦/(厘米^3·开)[即 J/(cm^3·K)]。两者关系如下:

$$Cv = C \times \rho$$

ρ 为土壤容重。通常多使用容积热容量。

土壤热容量与土壤三相物质的热容量有密切关系。而土壤各组分的热容量差异很大(表 7-3)。

表 7-3　土壤各组成的热容量

土壤组成	土壤空气	土壤水分	砂粒和粘粒	有机质
质量热容量[J/g·K]	1.00	4.20	0.74	1.99
容积热容量[J/(cm^3·K)]	1.20×10^{-3}	4.20	1.96	2.52
密度(g/cm^3)	1.20×10^{-3}	1.00	2.65	1.26

由表 7-3 可以看出,水的容积热容量最大,为 4.2J/(cm^3·K)。空气的容积热容量最小,为 1.2×10^{-3}J/(cm^3·K),两者相差约 3500 倍。矿质土粒的容积热容量在 1.96J/(cm^3·K)左右。有机质的容积热容量为 2.52 J/(cm^3·K)。一般土壤固相变化较小,而土壤中水和气的含量却是经常变化,互相消长。但是土壤空气的热容量很小,几乎可忽略不计,所以土壤热容量主要取决于土壤水分的含量。如粘性土,一般含水量较高,热容量较大,不易升温,称为"冷性土";而砂土一般含水量低,热容量小,容易升温,称为"热性土"。所以农业生产上常常采用灌水或排水措施调节水分含量来控制土壤温度。

(二)土壤导热性

土壤吸收一定热量后,除自身吸热而升温外,还将部分热量传导给邻近的土层和大气直到完全平衡,这种性能称为土壤的导热性。土壤的导热性用导热率(λ)来衡量。导热率是指单位厚度土体,两端温差为 1K 时,每秒钟通过单位土壤截面的热量。表示单位为 J/(m·s·k)或 W/(m·K)。

土壤导热率的大小表示土壤导热速度的高低,热量总是由高处向低处传导。不同物质的导热率不同,一般是固相 > 液相 > 气相,金属 > 非金属。

土壤导热率大小与土壤三相组成和比例有关。土壤矿物质的导热率最高为 2.9W/(m·K)；水的导热率次之，为 0.6W/(m·K)；土壤空气的导热率最低，为 0.025W/(m·K)。影响土壤导热率的因素主要是土壤的松紧度、孔隙状况和水分含量等。一般疏松多孔而且干燥的土壤，其孔隙中充满了导热率极小的空气，热只能从土粒间接触点的小狭道传导，所以导热率很低。湿润的土壤情况则不同，因孔隙中水代替了空气，而水的导热率比空气的大得多（20多倍），因而导热率随水分的增多而增大。质地也会影响土壤导热率，粘重而紧实的土壤导热率大，而疏松的砂土则导热率小。土壤导热率的高低，对土温的变化影响很大。导热率低的土壤（如砂土），白天收入的热量不易下传，使受热土层的温度上升幅度大，夜间降温时下层热时不易上传，上层土壤得不到热量的补给而使土温下降的幅度也大，所以导热率低的土壤昼夜温差大；而导热率高的土壤（如粘性土）则相反，土温变幅小。

三、土壤温度对土壤肥力及园林植物生长的影响

土壤温热状况，通过对土壤微生物活动的影响，调节土壤中有机质的分解、积累速率及养分的释放。土壤氮素矿化受温度影响明显，其矿化量是耕层土壤有效积温的函数，旱地土壤中最有利于硝化过程的土温是 27～32℃。土温对土壤中离子扩散速率影响较大，最终将反映在植物对养分的吸收上。土温升高，土壤中的水分运动快，气体扩散作用加强，水分由液态加速变为气态，造成损失。

土壤温度对植物生长的影响是多方面的。土温直接影响种子发芽和植物生长发育，特别是对根系吸收水分和养分有较大影响。一般在温带生长的乔木树种根系，冻结到根系土层时，生长停止。苹果根系在土温上升到 7℃ 时生长速率加快，到达 21℃ 时，生长量很大。3 年生的火炬松，在 20～25℃ 的条件下根系生长最快。林木根系一般在 5℃ 以上就能生长，但当土温升高到 35℃ 时，其生长停滞。

根系吸水率在一定范围内随土温的升高而相应增加，但超过一定限度后，其吸水就会受到抑制。对养分的吸收也是如此。

种子发芽有一定的温度要求。云杉种子发芽最适温度为 20℃，松树则为 25℃，落叶松种子 8～10℃ 便可萌发。通过调节土壤温度，可以控制花草的营养生长与生殖生长，抑制病虫害的发生。

第四节　土壤水气热的调节

土壤孔隙中的水和空气之间是一种相互消长的关系。水多气少，水少气多。由于空气和水的导温性、导热性和热容量不同，因此土壤中水、气在数量上的消长必然要影响到土壤的温度状况。湿土温度上升慢，下降也慢，不同土层深度的温度梯度也比较小；干土温度上升快，下降也快，而且不同土层深度的温度梯度也较大。土壤热状况影响水状况和空气状况。当土温较高时，土壤的蒸发量也较大，此时土壤易于失水干燥，也易于通气，所以，要根据它们之间的相互关系，调节水、气、热状况。

一、通过耕作和施肥调节

园林压实土壤的耕翻很重要。有条件的地方可深翻增施有机肥，种植地被植物。这样

既改善了土壤通透性，又增加了土壤的保蓄性，提高田间持水量和有效水的含量，同时减少了地表径流。

粗细砂堆积而成的堆垫土及炉灰垃圾、石灰渣类堆垫土，结合松土或镇压，施针叶土、草炭土十分必要，种植较耐旱的地被植物，有助于水土保持、土壤培肥。游人经常经过的地方可搞透气铺装。这在一些公园已经取得了较好的效果。

在苗圃、花园，花木苗期进行中耕除草很重要，既可防止杂草与花木争夺水分、空气和养分，又可以破除一些土壤表面的结壳或板结层，疏松表层土壤，切断土壤毛管联系，减弱毛管作用，有利于减少水分蒸发，增加土壤的通透性。改变了土壤的通透性，也就改变了土壤的热容量和导热性，利于提高地温。

二、通过灌水和排水调节

灌水是通过人为办法补充土壤有效水的不足，以满足花草苗木或林木各生长阶段对水分的需要。如我国北京地区多年降水不足，加之土壤地表紧实，水下渗差，质地粗，保水性差，地面覆盖差，蒸发强烈，造成较大面积、长时间干旱，适时灌水十分必要。高温干旱季节供水不足，严重影响树木正常生长，许多古树名木生长地安装喷灌、滴灌效果较好。一些压实面积大、未翻土的地方适当挖渗水井、渗水沟进行定点施肥灌水，也有一定效果。夏季土温很高，灌水也可使根系活动层范围土温下降至适宜程度，有利于苗木或林木根系的生长。晚秋灌水，增加土壤热容量，土温因而不易急剧下降，利于苗木、林木越冬。早春灌水不利于土温回升，要适量适时灌水。

对一些坡地，可适当改造小地形，种植高低搭配的地被植物固土保水。对一些低洼地，一定要建好排水系统，排灌配套，旱能浇、涝能排，根据环境需要建明沟或暗沟。

三、地面覆盖调节

地面覆盖也可较好地调节土温。地膜覆盖育苗可提高地温，保持土壤水分。对一些裸露的地方如树坑中放一些小石块或草炭也可减缓蒸发。在北京天坛公园，大面积围栏内种植地被植物，土壤含水量比周围裸地高5%～10%。

此外，采用阳畦、温室、风障等措施进行育苗工作，可以较好地调节土温，减少水分蒸发。喷洒土面保墒增温剂，可以降低水分蒸发，提高土温。

四、营造防护林带和林网

在干旱多风的地区，造防护林带、防护林网可以改变小气候，增加土壤水分。此法对防风固沙、保持水土、保水蓄水效果较好。

第八章　土壤胶体与离子交换

土壤的离子交换现象，是土壤中普遍存在的一种胶体现象，是土壤重要的电化学性质之一。土壤离子交换的物质基础是土壤胶体以及存在于土壤溶液中的各种离子。因此，土壤的离子交换现象的强弱和交换量的大小，与土壤胶体的种类、数量、结构以及环境条件（包括溶液的 pH 值、溶液中的离子种类、浓度等）有密切的关系。不同的土壤，发生离子交换的物质基础不一样，所以表现出来的离子交换量和离子吸附强弱也不相同。本章将着重介绍土壤中的离子吸附和交换现象，以及它们在土壤肥力上的重要意义。

第一节　土壤胶体

土壤之所以能够对离子进行吸附和交换，其根本原因是由于土壤胶体带有电荷。

胶体是指那些大小在 1～100nm（在长、宽和高的三个方向，至少有一个方向在此范围内）带电的固体颗粒。这些微小的固体颗粒，按其组成看，可以是矿质的颗粒，例如铝硅酸盐，铁、铝、锰、钛的氧化物和硅胶等粘粒矿物；也可以是有机颗粒，例如膜状的或游离态的腐殖质；还可以是矿质和有机两种胶体复合而成的矿质有机复合体。

自然界土壤，通常同时带有正负两种电荷，由于土壤所带的负电荷的数量一般都多于正电荷，所以除了少数土壤在强酸性条件下可能出现正电荷外，一般土壤都是带负电荷的。

一、土壤电荷的种类和来源

土壤胶体的种类不同，其产生的电荷的机制也不一样，据此我们可把土壤胶体电荷分为两类：一类为永久电荷，一类为可变电荷。

（一）永久电荷

该电荷起源于粘粒矿物晶格内部离子的同晶替代。粘粒矿物的结构单位为硅氧四面体和铝氧八面体，在四面体内的硅和八面体内的铝都可以被其大小与之相近的离子所代替，粘粒矿物的结构不发生变化，这个过程称为同晶替代，例如 Si^{4+} 可以被 Al^{3+} 所代替，Al^{3+} 可以被 Mg^{2+} 所代替，造成正电荷的亏缺，产生剩余负电荷。同晶置换一般形成于矿物的结晶过程，一旦晶体形成，它所具有的电荷就不受外界环境的影响，故称为永久电荷。同晶置换作用是 2:1 型层状粘土矿物负电荷的主要来源，而 1:1 型矿物中此现象发生极少。

永久电荷大部分分布在土壤胶体的层状铝硅酸盐的晶面。土壤胶体表面上的吸附性离子由库仑力所保持着。至于这种库仑力的大小，与发生同晶替代位置有关。对 2:1 型粘粒矿物来说，同晶替代作用发生在铝八面体内，因为与晶面距离较远，所以库仑力就较弱，故对离子的吸附力也弱；反之如同晶替代发生在硅四面体内，库仑力就较强，对离子的吸附力也就比较强，从而影响到代换性离子的有效度。

（二）可变电荷

电荷的数量和性质随介质 pH 值而改变的电荷称为可变电荷。可变电荷形成的主要原因是胶核表面分子或原子团的解离，例如：

（1）含水氧化硅（$SiO_2 \cdot H_2O$ 或 H_2SiO_3）的解离。

$$H_2SiO_3 + OH^- \rightleftharpoons HSiO_3^- + H_2O$$

$$HSiO_3^- + OH^- \rightleftharpoons SiO_3^{2-} + H_2O$$

（2）粘粒矿物的晶面上—OH 羟基中 H^+ 的解离。

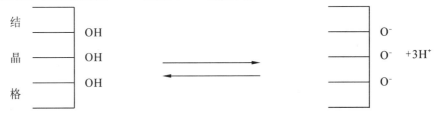

高岭石组粘粒矿物的晶体表面含—OH 较多，所以这一机制对高岭石类胶体电荷的产生是特别重要的。

（3）腐殖质上某些原子团的解离。

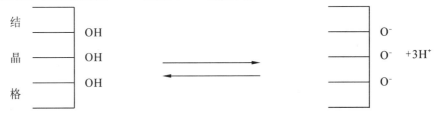

$$R—OH \longrightarrow R—O^- + H^+$$

（4）含水氧化铁和水铝英石表面分子中 OH^- 的解离。

$$Fe(OH)_3 \longrightarrow Fe(OH)^{2+} + OH^-$$

$$Al(OH)_3 \longrightarrow Al(OH)^{2+} + OH^-$$

从以上 4 种情况看，土壤胶体所带电荷的数量和性质与介质的 pH 值关系密切。前三者只有在碱性环境中才能产生，其电荷的数量随着介质 pH 值的提高而增加，溶液 pH 值增加，H^+ 少，促进了解离，从而使土壤负电荷增加，增强了土壤吸附阳离子的能力。这对提高土壤肥力很有意义，在农业实践中得到了广泛的应用。

含水氧化铁和水铝英石的解离，要在强酸性条件下才会发生。据研究含水氧化铁和水铝英石周围的 pH 值在分别达到 3.2 和 5.2 以下时，才会使胶体表面分子中的 OH^- 解离，从而使胶体本身带上正电荷，pH 值越低，其所带的正电荷数量越多。此种情况对土壤肥力是不利的，应采取措施加以改良。

此外，也有土壤学者曾经提出了粒矿物晶格上的断键也可形成可变电荷的观点，但是这个观点尚缺乏充足的证据。

二、土壤电荷的数量和密度

土壤电荷的数量决定其吸附离子的数量，单位重量土壤的电荷越多，对离子的吸附量也越大。土壤电荷的密度则决定于离子的吸附强度，电荷密度愈大，吸附能力愈强（或愈牢固）。土壤对离子的吸附量和强度的大小对保蓄和供给植物有效养分都有重要影响。

（一）土壤电荷的数量

表征土壤电荷数量的单位，是以单位土壤所带电荷的库仑数或 cmol 来表示（1cmol/kg ＝ 96.5 库仑）。因为通常情况下，土壤是带负电荷的，所以电荷的数量一般是指负电荷的数量而言的。土壤电荷数量主要受以下因素的影响：

1. 土壤质地

据研究土壤电荷在各个粒级中的分布是很不均匀的。土壤电荷总量的80%以上都集中分布在粘粒和胶粒部分。所以一般说来，土壤质地越粘，土粒越细，其电荷总量也越多，粒级在 $2\mu m$ 以上的粉砂粒或砂粒，所带电荷极少，所以粘土类的电荷数量，要比壤土类和砂土类高得多。

2. 土壤胶体的种类

质地完全相同的两种土壤，由于胶体类型不同，所带电荷数量差异很大。有机胶体与无机胶体以及不同类型的无机胶体之间，所带电荷数量差异很大。腐殖质胶体含有电荷 $200\sim500cmol/kg$，平均为 $350cmol/kg$，而无机胶体的高岭石为 $5\sim15cmol/kg$，伊利石为 $20\sim40cmol/kg$，蒙脱石为 $60\sim120cmol/kg$，平均为 $10\sim80cmol/kg$。根据粗略的统计，一般矿质土壤的表层，由有机胶体提供的负电荷约占土壤负电荷总量的20%，其余由无机胶体提供。也就是说，对土壤电荷的贡献，矿质胶体还是主要的，应当引起我们的注意。

有机—无机复合体的电荷数量，与结合前各自负电荷的数量有关。但是它们相互结合后，其电荷数量是非加和性的，即其所形成的复合体的负电荷，小于结合前各自负电荷的总和，其原因：(1)带负电荷的有机胶体与带正电荷的铁、铝氢氧化物起了键合作用，消耗了有机胶体一部分负电荷；(2)有机胶体被多价正离子絮固而沉淀在无机胶体上，掩盖了有机胶体一部分负交换点(非化学结合)，从而减少了负电荷的总量。这种复合体负电荷的非加和性，在红壤上表现得特别明显。

3. 土壤 pH 值

土壤 pH 值的高低，与胶核表面分子或原子团的解离有关，土壤的 pH 值增加，H^+ 的解离增加，土壤负电荷增多，关于这方面的内容前面已讨论过了，故此从略。

第二节　土壤的阳离子交换

一、交换性阳离子和阳离子交换作用

土壤的有机胶体或无机胶体通常带有负电荷，因而能从土壤溶液中吸附阳离子。在土壤里，这些被胶体吸附着的阳离子，可以分为两类：一类是氢离子和铝离子，一类是其他的一些金属离子，如 Ca^{2+}、Mg^{2+}、K^+、NH_4^+ 等，在古典化学上，它们被称为盐基离子。土壤胶体表面所吸附的离子，可以与其他离子进行交换，这种能相互交换的阳离子称为交换性阳离子。这种离子之间相互交换的作用，称为阳离子交换作用(在传统上也叫做盐基交换作用，但这一名称不很恰当)。例如假定某一种土壤，原来所吸附的离子为 H^+、K^+、NH_4^+、Na^+、Mg^{2+} 等，以后施用钙质肥料，就会产生阳离子交换作用，钙离子能把原来吸附的离子，部分地交换出来，其交换反应可用下面的示意式表示之：

$$K^+ \boxed{\begin{array}{c} NH_4^+ \quad NH_4^+ \\ \text{土壤交} \quad H^+ \\ K^+ \quad\quad H^+ \end{array}} H^+ + 3Ca^{2+} \rightleftharpoons Ca^{2+} \boxed{\begin{array}{c} Ca^{2+} \\ \text{土壤交} \\ \end{array}} Ca^{2+} + 2H^+ + 2K^+ + 2NH_4^+$$

离子从溶液转移到胶体上来的过程，称为离子的吸附过程。而原来吸附在胶体上的离子转移到溶液中去的过程，称为离子的解吸过程。

二、阳离子交换作用的特征

阳离子交换作用的主要特征有 3 个：

（1）阳离子交换作用是一种可逆反应。当溶液中的离子被土壤胶体吸附到它的表面并与溶液达成平衡后，如果溶液的组成或浓度改变，则胶体上的交换性离子就要和溶液中的离子产生逆向交换，把已被胶体表面吸附的离子重新归还到溶液中，建立新的平衡。这个原理，对农业化学的实践有很大意义。如植物根系从土壤溶液中吸收了阳离子养料，就可以获得吸着在土壤胶体上的交换性阳离子养料的补给。另外又可以通过施肥及土壤管理措施，恢复和提高土壤肥力。

（2）阳离子交换作用中，离子与离子交换有当量的关系——即各种阳离子之间的交换，是以离子价为根据的等当量交换，例如，以两价的钙离子去交换一价的钠离子，一个 Ca^{2+} 可交换两个 Na^+，一个 Fe^{3+} 可交换 3 个 Na^+。

（3）阳离子交换受质量作用定律支配。上面已经讲了，阳离子交换作用是一个可逆反应，也就是说在反应建立平衡时，各反应产物的摩尔浓度乘积，除以各反应物的摩尔浓度乘积所得的商，在温度固定时是一个常数，叫做平衡常数，所以离子价较低，交换能力较弱的阳离子，如果提高了它的浓度，根据质量作用定律，也可以交换离子价较高、吸附能力较强的阳离子。这一原理，对土壤阳离子养分的保持，有重要的意义。

三、影响阳离子交换能力的因素

1. 电荷数量的影响

根据库仑定律，带三价电荷的阳离子的交换能力大于二价的，二价的又大于一价的。

2. 离子的半径及水化程度

同价的离子，其交换能力的大小是依其离子半径及离子的水化程度的不同而不同的（见表 8-1）。

表 8-1　离子半径及水化程度与交换能力关系

一价离子的种类	Li^+	Na^+	K^+	NH_4^+	Rb^+
真实离子的半径（·）	0.78	0.98	1.33	1.43	1.49
水化后离子的半径（·）	10.08	7.90	5.37	5.32	5.09
离子在胶体上的吸着力	小 —————————————————————→ 大				
离子对其他离子的代换力	小 —————————————————————→ 大				

两种离子的代换力，也有类似的次序关系，如果把土壤中主要的阳离子，按其代换力大小排列起来，则其次序大体如下：

$$Fe^{3+} > Al^{3+} > H^+ > Ca^{2+} > Mg^{2+} > NH_4^+ > K^+ > Na^+$$

氢离子在土壤溶液中是最不缺乏的离子，而其代换力又大，所以排水良好的土壤，在雨水影响下，常常会有变酸的趋势。可以通过人为干扰，来防止这一现象的发生。

3. 离子浓度和数量因子

前面已提及过了，离子代换作用受质量作用定律的支配，交换能力很弱的离子如果浓度足够大的情况下，可以交换吸着力很强而浓度又较小的离子。据此，我们可以用增加土壤中有益离子浓度的方法，来控制离子置换方向，以培肥土壤，提高土壤的生产力。

四、土壤阳离子交换量

在一定 pH 值条件下，每千克干土所吸附的全部交换性阳离子的 cmol 数称为土壤的阳离子交换量或吸收容量（CEC）。例如，设有一种土壤其所含全部交换性阳离子，有 H^+、Ca^{2+}、Mg^{2+}、K^+、Na^+ 等，各离子数量如表 8-2 所列的数字，那么我们就能计算出这一土壤的阳离子代换量。在这一例子里计算结果为：13.6 cmol(+)/kg。

各种土壤之阳离子交换量是不同的，（1）质地越粘重，含粘粒越多的土壤其代换量越大。含腐殖质越丰富的土壤其代换量也越大；（2）同量胶体又因性质及构造不同而有所差别，一般 SiO_2/R_2O_3 分子比例越小者，代换量也越小。不同粘粒矿物的阳离子交换量列于表 8-3。

土壤 pH 值的大小也能影响阳离子交换量，因为土壤 pH 值的高低，直接与土壤可变电荷的数量有关，在一般情况下，pH 值增加，土壤可变负电荷也增加，土壤的阳离子代换量也有所上升。关于它的机制前面已有讨论，在此就不再赘述。

表 8-2　土壤阳离子代换量的计算举例

(1)		(2)	(3)	(4)	(5)	(6)	
交换性阳离子		每百克干土中的离子含量（克）	克原子量（克离子重）	离子价	离子克当量 (3)/(4)	百克干土中所含	
						当量数(2)/(5)	cmol(+)/kg
非盐基离子	H^+	0.01	1	1	1	0.01	10
盐基离子	Ca^{2+}	0.04	40	2	20	0.002	2
	Mg^{2+}	0.012	24	2	12	0.001	1
	K^+	0.0156	39	1	39	0.004	0.4
	Na^+	0.0046	23	1	23	0.002	0.2
($H^+ + Ca^{2+} + Mg^{2+} + K^+ + Na^+$) = 土壤中的阳离子交换量							13.6

盐基离子一行合计 3.6

表 8-3　不同土壤胶体的阳离子交换量　　　　　单位：cmol(+)/kg

胶体种类	一般范围	平均
蒙脱石	600 ~ 100	80
伊利石	20 ~ 40	30
高岭石	3 ~ 15	10
含水氧化铁铝	极微	—
有机胶体	200 ~ 500	350

我国北方的粘质土壤，所含粘粒以蒙脱石及伊利石为主，所以阳离子代换量大，其代换量一般在 20 cmol(+)/kg 以上，有的可达 50 cmol(+)/kg 以上。而南方红壤，一方面所含有机胶体较少，同时其粘粒以高岭石及含水氧化铁铝等为主，所以阳离子交换量一般较小，通常均在 20 cmol(+)/kg 以下。例如，浙江省典型的红壤其代换量往往在 10 cmol(+)/kg 以下，

有的只有 5~6 cmol(+)/kg。种稻熟化后，可增至 15 cmol(+)/kg 左右。

五、土壤的盐基饱和度

如前所述，土壤胶体上吸附的阳离子可以分为两类，一类是 H^+ 离子和 Al^{3+} 离子，因为它们都会使土壤变酸故称致酸离子；另一类是其他金属离子如 Ca^{2+}、Mg^{2+}、K^+、Na^+、NH_4^+……等，也称为盐基离子。当土壤胶体上所吸着的阳离子都属于盐基离子时，这一土壤的胶体呈盐基饱和状态，称为盐基饱和的土壤。当土壤胶体上所吸着的阳离子仅部分地为盐基离子，而其余一部分为氢离子及铝离子时，则这一土壤胶体，即呈盐基不饱和状态，我们称之为盐基不饱和土壤。盐基饱和的土壤具有中性或碱性反应，盐基不饱和土壤则为酸性土壤。

各种土壤盐基饱和的程度是不同的，通常用盐基饱和度来表示，即用交换性盐基占阳离子交换量的百分数来表示。

$$盐基饱和度\% = \frac{交换性盐基总量(cmol(+)/kg)}{阳离子交换量(cmol(+)/kg)}$$

以表8-3 的数字为例，这一土壤的阳离子交换量为 13.6 cmol(+)/kg，其中 10 cmol(+)/kg 为非盐基性的 H^+ 离子，只有 3.6 cmol(+)/kg 为各交换性的盐基离子(包括 Ca^{2+}、Mg^{2+}、K^+、Na^+)所以盐基饱和度 = (3.6/13.6) × 100 % = 26.4%

在我国干旱、半干旱的北方地区，土壤盐基饱和度大。例如，分布在黑龙江省北部的黑土和草甸上，可以说是一种盐基饱和的土壤，因为它的盐基饱和度接近100% 。多雨湿润的南方地区，土壤盐基饱和度小。一般来说，我国土壤以北纬35°为界，粗略地划分为两个区域，在 35°以南除少数石灰性冲击土及盐渍土外，皆为盐基不饱和土壤；在 35°以北除少数酸性的山地土壤(如棕色森林土、灰化土等)外，盐基饱和度高，Ca^{2+} 离子常占交换性阳离子的80% 以上。有的土壤交换性钠离子占有相当比例，当这种比例达到阳离子交换总量的15% ~20%时，其土壤常呈碱性或强碱性反应，这种土壤就称为碱化土或碱土。

第三节　交换性阳离子的有效度

被土壤胶体表面所吸附的养分离子，可以通过离子交换作用回到溶液里去，供给植物吸收，仍不失其对植物的有效性。被吸附在土壤胶体表面的离子一般通过下面两种方式被植物吸收：

（1）盐基先被土壤溶液中 H^+ 交换到溶液中来，然后由植物吸收，例如：

$$\boxed{土壤胶体}\begin{matrix}K^+ \\ \\ K^+\end{matrix} + 2H^+ \longrightarrow \boxed{土壤胶体}\begin{matrix}H^+ \\ \\ H^+\end{matrix} + 2K^+$$

（土壤溶液中的 H^+ 是　　　　　　（被交换到溶液中的 K^+
H_2CO_3 离解而来的）　　　　　　由根毛吸收之）

（2）植物的根毛直接和土壤胶体接触交换。因为根毛也带负电荷，在它表面吸附着的是 H^+(因根毛呼吸产生的 CO_2 溶在水里成 H_2CO_3，所以活的根毛是永远不缺乏 H^+ 的)。这些

H+就和土壤胶体上的交换性盐基离子直接交换，这些盐基离子通过细胞膜，由根毛表面渗透到植物内部。

从上面情况看，植物吸收交换性养分的能力，首先与植物的呼吸强度有关，同时也和植物根的阳离子交换量有关，关于这方面问题的进一步说明，将在农业化学中讨论。

从土壤角度看，被土壤吸附的交换性阳离子的有效度受以下因素的影响：

一、离子饱和度

交换性离子的有效度，一方面和交换性离子的绝对量有关，但和交换性离子的饱和度关系更大。因为该离子的饱和度越高，被交换解吸的机会越多，有效度就越大。

表 8-4　土壤阳离子交换量对交换性离子饱和度的影响

土壤	阳离子交换量 （mol（+）/kg）	交换性钙量 （mol（+）/kg）	交换性钙之饱和度
甲	8	6	75%
乙	30	10	33%

在表 8-4 例子中，甲乙两种土壤所含的交换性钙的绝对量是乙土大于甲土，但由于乙土的阳离子交换量也大于甲土，所以就钙的饱和度而言，甲土反远大于乙土。交换性阳离子饱和度越大，该离子的有效度一般也越大，所以钙离子在甲土中的利用率可大于在乙土中利用率。我们如果把一种植物以同一方法栽培于甲乙两种土壤中，由于甲土的钙离子饱和度比乙土大，所以乙土反比甲土更需要石灰质肥料。

这一例子告诉我们，在施肥上，如果有限的肥料要在短期内发挥较大的效果，应该集中施用于根系附近（条施或穴施），而不宜分散撒施，因为集中施用可以增加土壤的盐基饱和度。又如同样数量的同种化肥，同时施入砂质土和粘质土中，结果在砂质土中见效快，而在粘质土中见效慢，原因之一，就是由于施肥引起的土壤盐基饱和度各不相同，因而交换性阴阳离子的有效度也各有不同的缘故。

二、土壤中的互补离子效应

我们知道，土壤胶体上同时吸附着各种离子，对某一指定离子来说，其余的各种离子都称为互补离子。假定某一土壤，同时吸着的交换性阳离子有 H^+、Ca^{2+}、Mg^{2+}、K^+ 4 种，那么对 H^+ 来讲，Ca^{2+}、Mg^{2+}、K^+ 3 者就是它的互补离子（也称陪补离子），而对 Ca^{2+} 来讲，H^+、Mg^{2+}、K^+ 3 者又为它的互补离子；同理，H^+、Ca^{2+}、K^+ 3 者是 Mg^{2+} 的互补离子，而 H^+、Ca^{2+}、Mg^{2+} 3 者又为 K^+ 的互补离子。在胶体上并存的各种交换性离子之间，都有互补效应，由于互补离子不同，对某一指定离子的有效度也不同。一般说来，互补离子与土壤胶粒之间的吸附力越大，则越能提高被互补的那种离子的有效度。表 8-5 所列的例子，就充分地说明了这一点。

表 8-5　互补离子对交换性钙有效性的影响

土壤	交换性阳离子的组成	盆中幼苗干重（克）	盆中幼苗吸钙量
甲土	$40\% \, Ca^{2+} + 60\% \, H^+$	2.80	11.15
乙土	$40\% \, Ca^{2+} + 60\% \, Mg^+$	2.79	7.83
丙土	$40\% \, Ca^{2+} + 60\% \, Na^+$	2.34	4.36

从 3 种土壤的小麦盆栽实验看，甲土中幼苗吸钙量最多，说明甲土中钙的有效度最大；丙土吸钙量最少，说明丙土中的钙离子有效度最低；乙土处于两者之间。小麦幼苗吸钙量这种差异，主要是因为互补离子 H^+ 与胶粒间的吸力大于 Ca^{2+}、Mg^{2+}，Ca^{2+} 又大于 Na^+ 的缘故。又如钾离子的互补离子是钙离子，由于钙离子的吸附大于钾，所以钾容易被解吸下来，从而提高了土壤胶体上钾的有效性。若以钠离子作为钾的互补离子，由于钠离子的吸附力小于钾所以钠离子容易被交换出来，从而降低了钾的解吸和有效度；同理如果钾离子作为镁离子的互补离子时，钾离子可降低镁离子的有效性。

三、粘粒矿物类型的影响

不同类型的粘粒矿物，由于晶体构造特点不同，因而吸附各种阳离子的牢固程度也不同，在一定的盐基饱和度范围内，蒙脱石吸附的钙比高岭石牢固的多，因为蒙脱石吸附的钙是在晶层之间，而高岭石则在晶层的表面，故蒙脱石吸附的钙离子的有效度低于高岭石。蒙脱石和高岭石对其他交换性阳离子的有效度关系也大体与钙离子一样，即高岭石上的有效度比蒙脱石上的大（见表 8-6）。

表中的资料告诉我们，要使吸附在胶体上的阳离子发挥其营养作用，对于不同类型的粘粒矿物，所要求的离子的饱和度是不一样的。通常对高岭石类的要求比蒙脱石类的要低一些，如果是同样的饱和度，则高岭石类的供肥力要比蒙脱石类的强。至于释放出来的绝对数量则又是另外一回事了。

表 8-6　粘粒矿物类型与交换性阳离子活度系数的关系

粘粒矿物类型 ＼ 离子	Na^+	K^+	NH_4^+	H^+	Ca^{2+}
高岭石	0.34	0.38	0.25	0.008	0.080
蒙脱石	0.21	0.25	0.18	0.058	0.022
伊利石	0.10	0.15	0.21	0.036	0.040

四、由交换性离子变为非交换性离子的有效度问题

粘粒矿物的晶格表面，具有 6 个硅氧四面体联成的网穴，穴径约为 0.280 nm，其大小相当于钾离子的直径（0.266 nm）。原来吸附在晶格表面的可被交换的钾离子，当晶格因脱水而缩小时，就挤压着这些交换性钾离子，使它们陷入上述的网穴中，变成难于交换的离子，从而降低了有效性，称为钾的固定作用。

近年来有些研究报告提出，铵离子也有类似的固定作用，这是因为铵离子直径为 0.286 nm，与晶格上网穴之孔径也很相近的缘故。

　　营养离子被固定后，由交换性离子变为非交换的离子，从而降低了它的有效度。关于交换性离子活度效应的问题，由于涉及到土壤与植物的关系，这比单纯的土壤体系更为复杂。目前有关这方面的材料比较少，而且很多地方相互矛盾，所以就不准备讨论了。

第九章　土壤酸碱性和缓冲性

第一节　土壤酸碱性

土壤酸碱性是指土壤溶液的反应，是在土壤形成过程中产生的重要属性。不同的成土条件产生不同的土壤酸碱性，它对植物生长、微生物的活动、养分的存在状态以及土壤理化性质等均有很大影响。

土壤的酸碱性，在自然土壤中，是比较稳定的，但是人为栽培管理条件下，又是可变的土壤肥力因子。当土壤溶液中 OH^- 离子占优势，土壤呈碱性；而 H^+ 离子占优势，土壤呈酸性；OH^- 和 H^+ 数量对等，土壤呈中性。

一、土壤酸度

土壤溶液中含有酸性或碱性物质，是土壤显示酸碱性的重要原因。土壤胶体吸附 H^+ 或 Al^{3+}，土壤呈酸性，铝盐水解产生 H^+。土壤胶体吸附 Na^+、K^+、Ca^{2+} 等，其形成的碳酸盐水解时产生 OH^-，使土壤呈碱性。

土壤酸度可根据 H^+ 存在状态，常分为活性酸和潜在酸。

(一)活性酸

活性酸是指土壤溶液中游离 H^+ 所显示的酸度。活性酸度大小由 H^+ 浓度来决定，用 pH 值表示。南方红壤 pH 值低，活性酸度有时至 pH 值 4.0；北方石灰性土壤 pH 值可达 8.5，碱土（Na_2CO_3 为主）pH 值可达 9 或更高。根据酸碱性的强弱，可将土壤酸碱性分为以下几个级别（表 9 - 1）。

表 9-1　土壤酸碱度分级

pH 值	酸度级别	pH 值	碱度级别
<3.5	超强酸性	6.5 ~ 7.5	中性
3.5 ~ 4.5	极强酸性	7.5 ~ 8.5	碱性
4.5 ~ 5.5	强酸性	8.5 ~ 9.5	强碱性
5.5 ~ 6.5	酸性	>9.5	极强碱性

我国土壤的酸碱性范围在 pH 值 4 ~ 9 之间。土壤 pH 值，由北向南是逐渐降低的趋势。酸碱性土的地区分布，大体以北纬33°为界，在33°向北，气候愈加干燥，雨水对盐基离子的淋失渐少，土壤由中性渐碱性；在33°以南，气温渐高，降雨增多，风化淋溶愈强，盐基离子淋失多，土壤呈酸性或强酸性。

(二)潜在酸

指土壤胶体上吸附的致酸离子 H^+ 和 Al^{3+}，在它们还未被交换时，酸性并不表现出，而当被交换进入溶液后，交换态 H^+ 和活性铝水解而产生的 H^+，才显酸性，所以把胶体上吸附的 H^+、Al^{3+} 等离子称为潜在酸。土壤胶体能够吸附的 H^+ 和 Al^{3+} 等离子愈多，潜在酸性度愈大。

$$\boxed{土壤胶体}^{XH^+} \rightleftharpoons \boxed{土壤胶体}^{(x-y)H^+} + H^+$$

$$\boxed{土壤胶体}^{Al^+} + 3M^+ \rightleftharpoons \boxed{土壤胶体}^{3M^+} + Al^{3+}$$

注：M^+ 为阳离子

$$Al^{3+} + H_2O \rightleftharpoons Al(OH)^{2+} + H^+$$

根据测定潜在酸度时选用浸提剂不同，分别用代换酸度和水解酸度来表示。

1. 代换性酸度

用过量的中性盐溶液（如 1mol/LKCl 或 NaCl 等）浸提土壤，与土壤胶体发生代换作用，使代换性 H^+ 和 Al^{3+} 被代换进入土壤溶液，其表现的酸度，称为代换性酸度（用中和滴定法测定）。

$$\boxed{土壤胶体} + H^+ + KCl \rightleftharpoons \boxed{土壤胶体} K^+ + HCl$$

$$\boxed{土壤胶体} Al^{3+} + 3KCl \rightleftharpoons \boxed{土壤胶体}^{K^+}_{K^+} K^+ + AlCl_3$$

$$AlCl_3 + 3H_2O \rightleftharpoons Al(OH)_3\downarrow + 3HCl$$

2. 水解性酸度

用弱酸强碱盐（碱性盐）类溶液（如 1mol/L NaOAC）进行水解，被交换出的 H^+ 和 Al^{3+} 所形成的酸度，称为水解性酸度。用醋酸钠浸提土壤时，产生的 NaOH 使环境碱性化，使得胶体吸附得 H^+ 和 Al^{3+} 被交换出来形成醋酸。通过滴定滤液中醋酸的总量即是水解性酸的量，交换滴定过程如下：

$$CH_3COONa + H_2O \rightleftharpoons CH_3COOH + NaOH$$

$$\boxed{土壤胶体} H^+ + NaOH + CH_3COOH \rightleftharpoons \boxed{土壤胶体} Na^+ + CH_3COOH + H_2O$$

$$\boxed{土壤胶体} H^+ + 4NaOH + 4CH_3COOH + Al^{3+} \rightleftharpoons \boxed{土壤胶体}^{Na^+\ Na^+}_{Na^+\ Na^+}$$

$$+ Al(OH)_3\downarrow + H_2O + 4CH_3COOH$$

此种作用比用中性盐能够从土壤中置换出更多的氢离子和铝离子。代换性酸度是水解性酸度的一部分。通常用水解性酸度表示土壤活性酸和潜在性酸的总量，其数值作为计算石灰施用量的依据。

土壤的酸化过程，多产生于多雨的自然条件下，盐基离子遭到淋溶被氢离子取代。

我国土壤的 pH 值由北向南有逐渐降低的趋势，南方的强酸性土到北方的碱性土壤，相差可达 7 个数量级。吉林、内蒙古、华北的碱土的 pH 值最高的地方可达 10.5，台湾和广东的一些地方 pH 值可低至 3.6 ~ 3.8。

二、土壤碱度

土壤碱性是由于土壤溶液中的 OH^- 浓度大于 H^+ 浓度造成的。土壤中的 OH^-，主要来自土壤中的弱酸强碱盐的水解。钾、钠、钙、镁等的碳酸盐或重碳酸盐水解，均可产生大量 OH^-。除 pH 值表示外，常用总碱度和碱化度来表示。

（一）总碱度

指碳酸盐碱度和重碳酸盐碱度的总和。用中和滴定法测定，是土壤碱度的容量指标，常用百克土壤中该物质的量来表示。

（二）碱化度

常把土壤胶体上吸附的交换性 Na^+ 的饱和度称为土壤碱化度。

$$碱化度\% = \frac{交换性钠\ cmol(+)/kg}{阳离子交换量\ cmol(+)/kg} \times 100\%$$

碱化度是衡量土壤碱性反应强弱及碱化程度的重要指标。钠饱和度 >15% 为碱土；5% ~ 10% 为弱度碱化土；在二者之间分别为中、强度碱化土。钠饱和度低于 15% 时，土壤 pH 值一般不会超过 8.5。石灰性土壤，因 $CaCO_3$ 溶解度很小，pH 值多在 7.5 ~ 8.5 之间。

三、土壤酸碱性对园林土壤肥力和植物生长的影响

（一）对土壤养分有效性的影响

土壤有机态养分，需要经过微生物的矿化后才能成为有效态养分，供植物吸收利用。这些分解有机物的微生物，多数集中在近中性的土壤环境中活动。所以许多养分在接近中性时有效性最大，特别是氮素和硫素营养，在土壤 pH 值 6 ~ 8 时，有效氮最多；另一方面，影响土壤中某些化学反应，如引起养分分解或沉淀，最终影响植物营养的有效化或无效化过程，图 9-1 表明土壤酸碱性与土壤中营养元素有效性的关系。该图中条带宽度，只表示该元素在不同 pH 值时对植物的相对有效性。总的说，在 pH 值 6.5 ~ 7.5，除 Fe、Mn、Cu、Zn、Co 外，各种养分均有较高的有效性。氮的矿化在 pH 值 6 ~ 8 时最好。磷在 pH 值 6.5 以下时随 pH 值降低有效性也降低。当 pH 值 >7.5 时，磷的有效性也降低。

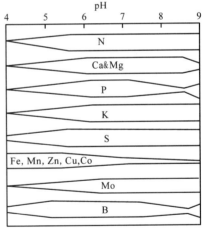

图 9-1　植物营养元素的有效性与 pH 的关系

钾在土壤中性或碱性范围有效性较高。

（二）对土壤结构的影响

在酸性土壤中，如粘质红壤，胶体多吸附 Al^{3+} 和 H^+，而 Ca^{2+} 易被代换出来遭到淋失。在有机质含量不高的土壤，团粒结构不易形成，造成酸性土壤易粘重板结，通透性差。在碱性土中，交换性钠多，土粒分散，不易形成较好的土壤结构，或泥泞或僵硬，透水通气性差。土壤为中性时，Ca^{2+} 和 Mg^{2+} 得以保留，易形成

较好的土壤结构，通气透水。

（三）对林木花草的影响

不同植物对土壤酸碱反应的要求是不同的，各有一定的适应范围。有些植物能适应较宽的 pH 值范围，有些植物却对土壤 pH 值非常敏感，这是各种植物在长期的自然选择中形成的。从表 9-2 可以看出大多数植物均适于在 pH 值 4～9 环境中生长。按照植物对土壤酸碱性的适应程度笼统地分为酸性植物、中性植物和碱性植物。

酸性植物是在酸性或微酸性环境的土壤环境下生长良好或正常的植物，如红松、云杉、油松、马尾松、杜鹃、山茶、广玉兰等；中性植物是指在中性土壤环境条件下生长良好或生长正常的植物，如丁香、银杏、糖槭、雪松、龙柏、悬铃木、樱花等；碱性植物是指在碱性或微碱性土壤条件下 生长良好或正常的植物，如紫穗槐、沙棘、沙枣、柳、杨、侧柏、槐树、白蜡、榆叶梅、黄刺梅、牡丹等。

要达到园林的最佳配置，适地适树、因地制宜尤其重要。一些街道或公园的古树名木生长势弱，常与土壤 pH 值有关。北京市许多公园对石灰性土壤施用酸性肥料和有机肥料，收到较好的效果。苗圃中的树木立枯病，可通过保持土壤酸性加以控制。

表 9-2　主要栽培植物生长适宜 pH 值范围

名称	pH 值	名称	pH 值	名称	pH 值
槐	6.7～7.0	栗	5.6～6.0	茶花	4.0～4.5
杉木、马尾松	4.5～6.5	梨	6.0～8.0	秋海棠	5.0～6.0
白皮松	7.5～8.0	桃	6.0～8.0	凤尾草	4.5～5.5
洋槐	6.0～8.0	苹果	6.0～8.0	兜兰	4.0～5.0
白杨	6.0～8.0	杏	6.0～8.0	石竹	6.5～8.0
栎	5.0～8.0	柑橘	5.0～7.0	菊花	6.5～7.5
桑、向日葵	6.0～8.0	棕榈科类	5.0～6.0	一品红	6.0～7.0
柽柳	6.0～8.0	仙人掌类	7.0～8.0	杜鹃	4.0～5.0
桦	5.0～6.0	玫瑰	6.0～8.0	天竺葵	5.0～7.0
泡桐	6.0～8.0	文竹、紫丁香	6.0～7.5	彩叶草	4.5～5.0
油桐	6.7～8.0	玉海棠	5.5～7.0	朱顶红	5.5～6.5
榆	6.0～8.0	倒挂金钟	5.5～6.0	兰科植物	4.5～5.0
核桃	6.0～8.0				

四、土壤酸碱性调节

无论是苗木或是其他植树造林、种花、种草的土地，土壤过酸过碱，采取适当的调节改良措施是十分必要的。

（一）酸性土的改良

酸性土通常用石灰来改良。农村烧柴后的草木灰中和酸性土效果也很好。

施用石灰中和土壤酸性如下：

$$\boxed{土壤胶体}\ 2H^+ + Ca(OH)_2 \rightleftharpoons \boxed{土壤胶体}\ Ca^{2+} + 2H_2O$$

如果胶粒吸附的是铝离子则：

$$\boxed{土壤胶体}\ 2\ Al^{3+} + 3Ca(OH)_2 \Longrightarrow \boxed{土壤胶体}\ 3Ca^{2+} + 2Al(OH)_3\downarrow$$

石灰与土壤溶液中的碳酸反应：

$$Ca(OH)_2 + 2H_2CO_3 \Longrightarrow Ca(HCO_3)_2 + 2H_2O$$

石灰中含有碳酸钙，则：

$$CaCO_3 + H_2CO_3 \Longrightarrow Ca(HCO_3)_2$$

而 $Ca(HCO_3)_2$ 中的 Ca^{2+} 也可取代胶体上的 H^+ 而中和潜性酸。随着中和取代反应的进行，胶体的酸基离子减少，盐基饱和度不断增加，土壤溶液的 pH 值也相应提高。施用石灰后还增加了土壤中的钙，改善了土壤的结构，减少了磷被铝、铁的固定。但是，酸性土壤施用石灰对改变其酸性往往比较慢，这与离子特性有关。

（二）碱性土的改良

对碱性土的中和改良，常使用石膏($CaSO_4$)、硫磺(S)、明矾[$Fe_2(SO_4)_3 \cdot Al_2(SO_4)_3 \cdot 24H_2O$]或硫酸铁[$Fe_2(SO_4)_3$]来进行。石膏改良作用如下：

$$\boxed{土壤胶体}\ 2Na^+ + CaSO_4 \Longrightarrow \boxed{土壤胶体}\ Ca^{2+} + Na_2SO_4$$

$$Na_2CO_3 + CaSO_4 \Longrightarrow CaCO_3 + Na_2SO_4(可淋洗排除)$$

施用硫磺、明矾或硫酸铁的作用是因为它们在土壤中氧化或水解产生酸性，起到中和改良的目的。

无论是酸土或碱土的改良，配合施用有机肥料是十分必要的，改良土壤的同时又培肥了土壤。特别是在土壤酸性强度和碱性强度不十分大时，施用有机肥即可降低其强度。

第二节　土壤缓冲性

一、土壤缓冲性和具有缓冲作用的原因

当土壤加入酸、碱物质后，土壤本身具有缓和酸碱反应变化的能力，称为土壤缓冲性能。由于这种性能，可以使土壤酸碱度经常保持在一定的范围内，避免因施肥、根的呼吸、微生物活动和有机质分解等引起酸碱性的剧烈变化，对植物生长发育和土壤微生物生活产生不良影响。

土壤缓冲性能的产生，是由于土壤具有起缓冲作用的物质，主要是土壤胶体所吸附的交换性阳离子，以及胡敏酸、低分子有机酸、硅酸、碳酸、磷酸等弱酸及其盐类。

（一）土壤胶体所吸附的交换性阳离子

土壤胶体吸附有 H^+、K^+、Ca^{2+}、Mg^{2+}、Al^{3+} 等多种阳离子。由于这些阳离子有交换性能，故胶体上吸附的盐基离子能对土壤的 H^+（酸性物质）起缓冲作用，而胶体上吸附的 H^+ 及 Al^{3+} 则能对 OH^-（碱性物质）起缓冲作用。比如，当施入过磷酸钙等肥料时，带进了游离的硫酸，带入的氢离子把胶体上的盐基离子交换到溶液中，生成中性盐。当施肥（例如施入人粪尿）带进碱性物质时，钠离子等又可把胶体吸附的氢离子交换出来，和溶液中的氢氧离子结合成水。其应如下式所示：

$$\boxed{土壤胶体}\begin{array}{l}Ca^{2+}\\ Mg^{2+}\\ H^+\end{array} + H_2SO_4 \Longrightarrow \boxed{土壤胶体}\begin{array}{l}3H^+\\ \\ Mg^{2+}\end{array} + CaSO_4$$

$$\boxed{土壤胶体}\begin{array}{l}H^+\\ Ca^{2+}\\ H^+\end{array} + NaOH \Longrightarrow \boxed{土壤胶体}\begin{array}{l}Na^+\\ Ca^{2+}\\ H^+\end{array} + H_2O$$

一般胶体多，阳离子交换量大的土壤，其缓冲性强。盐基饱和度大的土壤，缓冲酸的力量大；潜性酸度大、盐基饱和度小的土壤，缓冲碱的力量强。

（二）弱酸及其盐类

土壤中的碳酸、硅酸、胡敏酸等离解度很小的弱酸及其盐类，构成缓冲系统，也可缓冲酸和碱的变化。例如：

$$CH_3COOH + NaOH \longrightarrow CH_3COONa + H_2O$$
$$CH_3COONa + HCl \longrightarrow CH_3COOH + NaCl$$

（三）土壤中两性物质

土壤中存在两性有机物和无机物，如蛋白质、氨基酸、胡敏酸、无机磷酸等。氨基酸，它的氨基可以中和酸，羧基可以中和碱，因此对酸碱都有缓冲能力。它们的反应分别举例如下：

1. 两性有机物质的缓冲作用

$$\begin{array}{l}R—CH—OOH\\ \quad\quad|\\ \quad NH_2\end{array} + HCl \longrightarrow \begin{array}{l}R—CH—OOH\\ \quad\quad|\\ \quad NH_3Cl\end{array}$$

$$\begin{array}{l}R—CH—COOH\\ \quad\quad|\\ \quad NH_2\end{array} + NaOH \longrightarrow \begin{array}{l}R—CH—COONa\\ \quad\quad|\\ \quad NH_2\end{array} + H_2O$$

2. 两性无机物质的缓冲作用

$$HPO_4^{2-} + HCl \longrightarrow H_2PO_4^- + Cl^-$$
$$H_2PO_4^- + NaOH \longrightarrow HPO_4^{2-} + Na^+ + H_2O$$

还有，在酸性土壤中，铝离子也能对碱起缓冲作用，如下式所示：

$$2Al(H_2O)_6^{3+} + 2OH^- \Longrightarrow [Al(OH)_2(H_2O)_8]^{4+} + 4H_2O$$

当土壤溶液中 OH^- 继续增加时，Al^{3+} 周围的水分子将继续解离 H^+ 以中和之，当土壤 pH 值 >5 时，上述 Al^{3+} 就会相互结合而产生 $Al(OH)_3$ 沉淀，并失去其缓冲能力。

一般地说，土壤阳离子交换量愈大，土壤的缓冲力愈大；在交换量相等条件下，盐基饱和度愈大，对酸缓冲力愈大；盐基饱和度愈低，则对碱的缓冲力愈大。所以影响土壤缓冲性强弱的因素首先是土壤胶体的数量和种类。一般，土壤缓冲性大小的顺序是：腐殖质 > 粘土 > 沙土。增加土壤有机质和粘粒，就可以增大缓冲性能。

二、土壤缓冲性的意义

土壤缓冲性是土壤重要的化学性质之一。土壤缓冲性弱，则 pH 值很容易变化，对植物生长和土壤生物尤其是微生物的活动不利；相反，如果土壤缓冲性强，则 pH 值稳定，就为植物生长和土壤生物活动创造了一个稳定的土壤酸碱性环境条件。

但是必须指出，缓冲性只能避免土壤 pH 值在短时间内的剧烈变化，而不能完全制止这种变化。这是因为，每一种土壤的缓冲能力都有一定的限度，而时间是无限的，酸和碱在土壤中长期积累，一旦数量超过土壤的缓冲能力时，土壤的 pH 值就会发生明显的变化。

第十章　土壤养分与肥料

第一节　植物的氮素营养与氮肥

一、植物的氮素营养

高等植物组织中平均含有氮素 2% ~ 4%。氮是植物体内许多重要物质的组成成分，例如蛋白质、核酸、叶绿素 a($C_{55}H_{72}O_5N_4Mg$)、叶绿素 b($C_{55}H_{70}O_6N_4Mg$)、酶、一些维生素（B_1、B_2、B_6、PP 等）、生物碱（烟碱、茶碱、胆碱等）和一些激素（如细胞分裂素、赤霉素等）等都含有氮素，因此氮素是一切有机体不可缺少的元素，所以它被称为生命元素。

由此可见，氮在植物生命活动中占有重要地位，但并非所有形态的氮素都能被植物直接吸收利用。植物根系从土壤中可吸收利用的主要氮素形态是无机态氮中硝态氮（NO_3^-）和铵态氮（NH_4^+），此外还可以吸收一些有机氮，如氨基酸、酰胺、维生素、降解的核酸等。植物吸收的硝态氮在其根部和叶部经还原反应变成 NH_3 后，才能与有机酸结合形成各种生物性含氮化合物，参与植物体内氮代谢。低浓度的亚硝酸态氮（NO_2^-）也可以被植物吸收，但浓度较高时，则对植物有害，不过一般土壤亚硝态氮含量极少对植物营养意义不大。某些可溶性有机氮化合物，如氨基酸、酰胺等也能直接被吸收利用，但它们在土壤中含量有限，其营养意义不及铵态氮和硝态氮那么重。另外，豆科植物与一般植物不同，其根部有共生固氮菌，所以它们可利用空气中的分子态氮（N_2）。

植物缺氮的主要表现是生长受阻、植株矮小、叶色变淡。氮在植物体内是容易转移的营养元素，故缺氮症状首先出现在下部较老的叶子上，逐渐向上发展。开花以后，氮向花、果转移时，叶子枯黄现象特别明显，出现早衰现象。例如，菊花缺氮，叶子小，呈灰绿色；靠近叶柄的地方颜色较深，叶尖及叶缘处则呈淡绿色，叶缘及叶脉间黄化，老叶则呈锈黄色到锈黄绿色，枯萎后附着不落，植株的发育受到抑制。三色堇缺氮症从老叶开始变黄，接着枯萎，生长发育差。香石竹缺氮时，下部叶色开始变成浅绿，接着变黄，逐渐向上部叶发展，生长差。一品红缺氮症状表现为叶片小，上部叶更小；从下部叶到上部叶逐渐变黄；开始时叶脉间黄化，叶脉凸出可见，最后叶片变黄；上部叶变小，不黄化。

然而，氮供应过多，也会使植物营养生长期延长，花期延迟，植株的抗倒伏与抗病能力下降。例如过量的氮素降低丽格海棠开花反应。

二、土壤中的氮素

土壤氮素状况是土壤肥力的重要指标之一。了解土壤氮素含量、形态及其转化规律，是保持与提高土壤肥力、合理施用氮肥的重要依据。

土壤中的氮素并非来源于土壤矿物，因为除极少数的沉积岩中含有少量氮素外，其他绝大多数岩石、矿物中不含氮素。在自然土壤中，氮素主要来源于土壤中固氮微生物所固定的氮，其次是自然降水带入土壤中的铵盐和硝酸盐，以及地下水上升带给上层土壤的氮素；对于耕作土壤，氮素还主要来源于人工施入的氮肥与有机肥，另外，灌溉水中也含有一定量的硝态氮。土壤中的氮素形态可分成有机态氮和无机态氮两大类。有机态氮一般占全氮量的95%以上，而无机态氮只占全氮的1%~2%。在有机态氮中，水溶性的有机态氮，如一些简单的氨基酸、酰胺等，它们在土壤溶液中很容易水解释放出氨或直接被植物吸收利用，其含量一般不超过全氮量的5%。有机态氮中还有一部分水解性有机态氮，如蛋白质、多肽、氨基酸和核酸等，在酸、碱或酶的作用下，可水解转化成植物可吸收利用的氮素，这是土壤有效氮的直接来源。第三类有机态氮是非水解性有机态氮，主要包括胡敏酸、富啡酸及其他杂环化合物中所含的氮，一般占有机态氮的50%左右。这些物质性质稳定，难以被分解，属于植物难以利用甚至无效的有机态氮。土壤中的无机态氮主要指土壤溶液中的 NO_3^-、NH_4^+，以及土壤胶体上所吸附的 NH_4^+，它们都是植物能直接吸收利用的速效氮。

　　土壤全氮量是衡量土壤氮素供应状况的重要指标。现在常用测定土壤水解性氮含量，来确定土壤中近期可被植物利用的有效性氮。水解性氮一般占全氮量的1%左右，其数量与土壤有机质含量有关，能较好地反映出近期内土壤氮素的供应状况。

　　土壤中存在的有机态氮、铵态氮、硝态氮等，在物理、化学和生物因素的作用下，可以相互转化，这种转化主要表现为以下几个方面：

　　1. 有机态氮的矿化

　　有机态氮的矿化是指含氮的有机化合物在微生物酶系作用下分解成无机态氮 NH_3 或 NH_4^+ 的过程。例如蛋白质的矿化过程如下：

$$蛋白质 \xrightarrow{蛋白酶} 多肽 \xrightarrow{肽酶} 氨基酸、酰胺、胺等 \longrightarrow R{-}\overset{\displaystyle OH}{\underset{\displaystyle |}{C}}H{-}\overset{\displaystyle O}{\overset{\displaystyle \|}{C}}{-}OH + NH_3$$

据目前国内外研究材料介绍，大多数土壤每年约有1%~3%的有机氮被矿化。

　　2. 硝化作用

　　在通气良好的条件下，氨（铵）在土壤中经微生物的作用，最后可生成硝态氮。这个由铵转化成硝态氮的过程称为硝化作用。参与硝化作用的细菌有亚硝化细菌和硝化细菌。整个过程分两步进行，第一步在亚硝化细菌的作用下，将铵转化成亚硝态氮（称亚硝化作用）。

$$2NH_4^+ + 3O_2 \xrightarrow[6e]{亚硝化细菌} 2NO_2^- + 2H_2O + 4H^+ + 158\ 大卡$$

第二步由亚硝态氮转化成硝态氮，反应在硝化细菌作用下进行。

$$2NO_2^- + O_2 \xrightarrow[2e]{硝化细菌} 2NO_3^- + 40\ 大卡$$

　　在整个硝化过程中，亚硝化作用和硝化作用相互衔接。在通常情况下，亚硝化作用过程较缓慢，而硝化作用速度快，因此，一般土壤中很少有亚硝态氮的积累。

　　3. 土壤无机氮的损失

　　（1）氨的挥发损失。氨的挥发是指氨从土壤表层释放到大气的过程。土壤中的 NH_4^+ 在土壤溶液中存在着与 NH_3 之间的动态平衡：

$$NH_4^+ + OH^- \longrightarrow NH_3 + H_2O$$

上述平衡点受 pH 值和 NH_4^+ 浓度的影响。据门格尔研究表明，当 pH 值 <6 时，几乎所

有的氨被质子化，以 NH_4^+ 形态存在，氨挥发损失少。增加土壤溶液中 NH_4^+ 浓度会使平衡系统中 NH_3 的分压增大，从而增加 NH_3 的挥发损失。

我国北方大部分土壤含有较多的碳酸钙，pH 值高，土壤氮素的挥发损失是个突出的问题。试验表明，在石灰性土壤上，硫酸铵撒于表土，在 6 ～ 9 天内氨的挥发损失量可达 7.5% ～ 12.9%。土壤碱性愈强，质地愈粗，阳离子交换量愈低以及风大气温高，氨的挥发损失也愈严重。

（2）反硝化作用。土壤中硝态氮还原产生气态氮化物 N_2O 或 N_2 的反应称反硝化作用。土壤中的反硝化作用主要是由反硝化细菌引起的。反硝化细菌属兼气性，在好气和嫌气条件下都能生活。在好气条件下，反硝化细菌进行有氧呼吸，反硝化作用微弱；然而在缺氧嫌气条件下，则利用 NO_3^- 中的氧进行呼吸作用，以 NO_3^- 作为无氧呼吸中的最终电子受体，使 NO_3^- 还原为气态 N_2O 和 N_2 形态而挥发。

反应过程中释放的氧用于微生物呼吸，反应中有 H^+ 被消耗掉，说明反硝化作用能提高土壤 pH 值。

不同土壤条件下生物反硝化速率不同。土壤水分过多的嫌气条件，反硝化作用强烈。水田反硝化氮素的损失可达氮肥用量的 30% ～ 50%。在旱地土壤中虽说通气条件较好，也会出现局部的嫌气情况而产生反硝化作用。

土温在 25 ～ 30℃，反硝化作用进行顺利，温度低于 5℃，一般不发生反硝化作用。

最适宜反硝化作用的 pH 值为 7 ～ 8。多数研究认为，土壤 pH 值 <6，反硝化作用受到强烈抑制，因此在酸性土壤中反硝化作用弱。

（3）硝酸盐的淋失。因不能被带负电荷的土壤胶体吸附保存，故易随水流失。根据近年来世界性调查结果，在各种农业生态系统中，氮素淋失量大多为施肥量的 10% ～ 40%。

我国南方降雨量多，水田多，硝态氮淋失严重，因此很少施用硝态氮肥。北方雨量不多，硝态氮的淋失较少，但应注意合理灌溉，特别是对一些氮肥用量较大的轻质砂性土壤，要防止大水漫灌，以减少硝态氮的淋失。

另外，无机态氮也可以通过一些途径被固定，但这是暂时的，在一定条件下，它们被释放出来后又可被植物利用。

三、氮肥

常见的几种氮肥的性质和施用方法如下：

（一）铵态氮肥

硫酸铵[$(NH_4)_2SO_4$]是最常用的铵态氮肥，含 N 量达 20% ～ 21%，易溶于水，是一种速效氮肥。硫酸铵施入土中后，大部分铵离子就吸附在土壤胶体上，可免于淋失；也有一部分因硝化作用转化为 NO_3^- 存在于土壤溶液中，可被植物吸收或随水流失。由于植物吸收的 NH_4^+ 比较多，而 SO_4^{2-} 残留于土壤中，从而使土壤趋向酸性，所以称为生理酸性肥料。

硫酸铵可做基肥、追肥，但在湿润地区最好做追肥。长期施用硫酸铵会引起土壤板结，所以最好与有机肥料配合施用。

氯化铵[NH_4Cl]含 N 24% ～ 25%，其性状与硫酸铵相似，施入土壤中后短期内不易发生硝化作用，所以氮的损失率比硫酸铵低。但氯化铵对种子发芽和幼苗生长有不利影响，不宜作种肥。盐土上如施氯化铵会加重盐害，因此不宜施用。

碳酸氢铵[NH_4HCO_3]含 N 16.8% ~17.5%，易溶于水，是一种碱性肥料，也是速效氮肥。干燥的碳酸氢铵在 20℃ 以下比较稳定，当温度升高或湿度增加时会分解释放出氨气，使氮素损失。放出的氨气也会伤及茎叶和种子，所以碳酸氢铵一般不能做种肥，做基肥和追肥时都要深施盖土。贮存碳酸氢铵的地方要阴凉、干燥。氨水的性质近似于碳酸氢铵，可稀释或拌和在干土中施用，也以沟施盖土为好。

(二)硝态氮肥

硝态氮肥都溶于水，易吸湿，有助燃性和爆炸性。硝酸钠($NaNO_3$)含 N 15% ~16%，是一种单一的硝态氮肥。施入土中后 NO_3^- 很少被土壤胶体吸附，而是存在于土壤溶液中，所以肥效高，但也容易淋失。由于植物吸收 NO_3^- 比 Na^+ 多，Na^+ 残留在土壤中而使土壤溶液反应趋向碱性，所以称为生理碱性肥料。硝酸铵[NH_4NO_3]含 N 33% ~35%，是同时含有硝态氮和铵态氮的水溶性速效肥料，由于氮的含量高，所以在施用等氮量时实际用量比硫酸铵少。通常硝酸钠和硝酸铵的肥效与硫酸铵近似，但由于硝态氮易淋失，所以不宜在水田中施用，以免引起氮素流失。一般仅做追肥使用。

(三)酰胺态氮肥

尿素[$CO(NH_2)_2$]含 N 42% ~45%，是最常见的酰胺态氮肥，它对各种植物和土壤都适宜，可做基肥、追肥，也可做种肥。但是，由于土壤吸收保存的能力很弱，如施后遇大雨或大水漫灌，容易流失。尿素要在土壤中转化为铵态氮后才能被植物吸收利用，所以肥效稍慢，做追肥要提前 3 ~5 天施用。用尿素做根外追肥，叶面吸收很快，不易烧伤叶子，根外追施氮肥时都采用它。

(四)长效氮肥

合理追施速效氮素化肥时，通常经过 5 ~7 天便可以看到幼树叶色转浓绿，也就是说，速效氮肥见效快而肥效持续的时间短。因此，人们期望能另外造出新型化肥，它能在土壤中逐渐溶解和转化，使有效养分的释放率大体符合植物整个生长期的要求，这样既可免除多次追肥的麻烦，又能提高肥料的利用率，符合这种要求的肥料称为长效肥料。目前长效肥料有脲甲醛、异丁叉二脲、硫衣尿素、钙镁磷肥、包膜碳酸氢铵等，由于其肥效持续时间长，因此作基肥使用；但由于成本高，养分释放速度很难适应多种作物和花卉的需肥特点，国外也尚未广泛应用，只在经济林木、牧草和一些观赏植物上施用。

最后，还要指出两点：一是上面讲的氮肥若撒施在表土，都会转化成氨气损失，必须深施盖土，一般施于表层以下 6 ~10cm；二是氮肥和其他肥料配合施用。植物生长需要多种养分，其他养分满足了，氮肥才能充分发挥作用。

第二节 磷素营养与磷肥

一、植物的磷素营养

高等植物组织平均含磷 0.2%。磷是植物细胞核的重要成分，它对细胞分裂和植物各器官组织的分化发育，特别是开花结实具有重要作用，是植物体内生理代谢活动必不可少的一种元素。磷在植物体内主要集中在植物的种子中，种子中贮备较多的磷素有利于幼苗初期的健康生长。磷对提高植物的抗病性、抗寒性和抗旱能力也有良好作用。在豆科植物的施磷试验中，磷促进了根瘤的发育，提高了根瘤菌的固氮能力，从而也间接改善了植物的氮素营养状况。磷还具有促进根系发育的作用，特别是促进侧根和细根的发育。由于磷对植物有着多方面的作用，所以植物缺磷或磷过剩所表现的症状相当复杂。大多数植物缺磷时叶色暗绿，植株生长发育受阻。由于磷在植物体内的移动性很强，所以缺磷症状首先从下部开始，下部叶的叶脉间黄化，且常带紫色，特别是在叶柄上，叶早落、根系发育不良等。例如，金鱼草缺磷时，叶呈反常的深绿色，比较老的叶片的背面产生紫晕，发育受到抑制，磷素贫乏严重时，整个植株可能干枯死亡。在我国南方粘重的红壤土培育杉、松苗时，在高温季节常可看到苗木叶片出现红紫色，生长停滞，这是磷缺乏的症状，此时给土壤补充磷素很必要。香石竹缺磷时下部叶发黄，但不像缺氮那样黄化向上发展，而是上部叶片仍保持绿色，但生长停滞。

但土壤中施用过多磷肥，如水溶性磷酸盐，就会降低土壤中锌、铁、镁、锰的有效性，植物便会表现出缺锌、缺铁、缺锰等失绿症以及营养生长期缩短、成熟期提前等现象。

植物通过根系吸收的磷素主要是水溶性的正磷酸根、磷酸氢根，特别是磷素二氢根（重过磷酸根）。

二、土壤中的磷素

我国土壤的全磷含量（P_2O_5）一般在 0.04% ~ 0.25% 范围内，土壤中含磷量的多少受成土母质的影响最大，另外气候条件、土壤有机质含量、土壤 pH 值及耕作施肥等也对其有重要影响。土壤中的全磷量是指土壤中所有形态磷素的总量，其中主要为迟效性磷；土壤中有效磷是指能被当季植物吸收利用的磷。土壤全磷量与有效磷之间没有一定的相关性，所以土壤全磷不能作为一般土壤磷素供应水平的确切指标。实际证实，土壤速效磷含量是衡量土壤磷素供应状况的较好指标，它在土壤诊断和耕作施肥方面具有重要意义。

（一）土壤中的磷的形态

土壤中的磷可分为无机态磷和有机态磷两大类，其中无机态磷约占全磷量的 50% ~ 90%，其含量高低与成土母质有密切关系。一般在紫色页岩、云母片岩、石灰岩冲积物和黄土沉积物等母质上发育形成的土壤或磷矿附近的土壤，无机磷含量较高；由花岗岩、玄武岩、砂页岩、第三纪与第四纪粘土母质发育形成的土壤，无机磷的含量较低。

土壤中的无机磷可分为以下几类：

1. 水溶性磷化合物

主要是碱金属与碱土金属的一代磷酸盐，如 KH_2PO_4、NaH_2PO_4、K_2HPO_4、Na_2HPO_4、K_3PO_4、Na_3PO_4、$CaH_4(PO_4)_2$、$MgH_4(PO_4)_2$ 等。在土壤溶液中，这些化合物中的磷大多以离子形态，即 $H_2PO_4^-$、HPO_4^{2-}、PO_4^{3-} 存在，能被植物直接吸收利用但含量很少，一般土壤中只有几个 ppm（mg/kg），甚至不到 1ppm（mg/kg）。

2. 弱酸溶性磷化合物

主要是碱土金属的二代磷酸盐，如 $CaHPO_4$、$MgHPO_4$ 等，能溶于弱酸溶液中。这类磷在中性及微酸性土壤中含量较多，它们能被植物吸收利用。水溶性磷和弱酸溶性磷统称为速效磷。

3. 难溶性磷化合物

它是无机磷的主要存在形态。在中性和石灰性土壤中，主要有磷酸钙 [$Ca_3(PO_4)_2$]、氟磷灰石$[Ca_{10}(PO_4)_6 \cdot F_2]$、羟基磷灰石$[Ca_{10}(PO_4)_6 \cdot (OH)_2]$等，它们的溶解度很小，植物利用困难。在酸性土壤中，主要有红磷铁矿$[FeH_2PO_4(OH)_2]$和磷铝石$[AlH_2PO_4 - (OH)_2]$。一般情况下，在 pH 值小于 7 的土壤中，它们是植物磷素营养的重要来源。

4. 闭蓄态磷

即被铁、铝氧化物胶膜所包裹的磷酸铁和磷酸铝。它们主要存在于高度风化的强酸性与酸性土壤中，占此类土壤中无机磷的 80% 以上，在北方黄土性土壤中仅占 10% ~ 20%。这种形态的磷很难被植物利用。

5. 吸附态磷

土壤中的粘土矿物、铁、铝氧化物(主要是针铁矿 $FeO(OH)$、氢氧化铝 $AlO(OH)$、三水铝石 $Al(OH)_3$)、铁、铝有机络合物、方解石($CaCO_3$)等物质表面，可通过库仑力、化学力及特定情况下的相互作用力吸附一部分磷离子，被吸附的磷离子部分是可逆的，作物根系能够吸收。吸附态磷是植物磷营养中最重要的形态。

6. 土壤中的有机磷

土壤中有机磷含量约占 10% ~ 50%，其含量多少与土壤有机质含量关系密切，土壤有机质含量越高，土壤中有机态磷含量也相应越高。土壤中有机态磷以磷脂、植素、核酸、核蛋白及其降解产物的形态存在，其中除少部分能被植物直接吸收利用外，大部分需经微生物作用矿化分解，转化成无机态磷才能被植物吸收利用。

(二)土壤中磷的转化

土壤中存在的各种形态的磷，无不依一定条件，特别是 pH 值和氧化还原条件的变化而发生相应的转化。如无机态磷，主要是易溶态磷可转化为有机态磷；而有机态磷可分解转化成无机态磷。易溶性磷与难溶性磷也经常处于相互转化之中。下面即为土壤中磷的转化方向：

1. 有效磷化合物的固定

有效磷化合物在土壤中很容易被固定。

(1) 化学固定。是在中性、石灰性土壤中，水溶性及弱酸性磷酸盐与土壤中的水溶性钙镁盐、代换性钙镁及碳酸钙镁作用，很快生成磷酸二钙；磷酸二钙继续与钙镁作用，渐渐形成溶解度很小的磷酸八钙；最后又慢慢地生成稳定的磷酸十钙。

在酸性土壤中，水溶性、弱酸溶性磷酸盐与土壤中铁、铝作用，生成难溶性磷酸铁、铝沉淀。

(2) 离子代换固定。在我国南方土壤中，无机胶体表面有较多的 OH^- 群，通过阴离子代换吸附作用，可使磷酸固定在胶体表面。

(3) 生物固定。土壤微生物的生命活动也需要磷素营养，被微生物吸收固定在其体内的磷素只是暂时失去了有效性，待微生物死亡后，通过分解仍能释放出来供植物吸收利用。

土壤 pH 值是影响土壤中磷酸盐形态与转化的重要因素。

1. 土壤中难溶性磷的释放

土壤中难溶性磷酸盐和闭蓄态磷、吸附态磷，在一定条件下可转化成有效度高的可溶性磷酸盐供植物吸收利用。如石灰性土壤中难溶性磷酸钙盐，可借助植物、微生物分泌的有机酸、产生的 CO_2 及无机酸的作用，逐渐转化为有效度很高的磷酸盐，直至水溶性磷酸一钙。

2. 土壤中有机态含磷化合物的转化

有机态含磷化合物的转化过程主要是在土壤微生物作用下的水解过程。凡影响土壤微生物活性的因素，都影响土壤有机磷的转化速度。例如春季土温低，植物往往有缺磷症状；待天气转暖后，土壤微生物活性提高，有机磷矿化快，缺磷现象也随之消失。除温度外，湿度、pH 值等因素也影响微生物的活性，进而影响有机磷的转化。

三、磷肥

目前，我国生产的主要磷肥有 4 种。

（一）过磷酸钙

过磷酸钙简称普钙，是我国目前生产量最大的磷肥品种，也是世界上生产最早的磷肥。其主要成分是水溶性磷酸一钙 $[Ca(H_2PO_4)_2 \cdot H_2O]$ 和难溶于水的硫酸钙（$CaSO_4$），分别占肥料重量的 30% ~50% 和 40% 左右，有效磷（P_2O_5）含量 12% ~20%，此外还含有一些杂质及少量酸，因此具有腐蚀性和吸湿性，易吸湿结块，同时使部分水溶性磷变成难溶状态，降低磷肥的有效性。过磷酸钙一般为灰白色粉末，属速效磷肥，可做基肥、种肥和根外追肥。

当过磷酸钙施入土中以后，磷酸一钙就溶解于水，其中的正磷酸根离子易被土壤固定，故移动性小。施肥当年，磷肥的利用率为 10% ~25% 左右，所以施肥量最大，但后效长。中国科学院林业土壤研究所用同位素^{32}P 在棕壤和褐土上进行的研究表明，如果把水溶性磷肥施在土表，当下渗水使末层全部湿透之后，仍有 96% ~99% 左右的磷停留在 0 ~3cm 的表土层中。有资料表明，酸性砂土表施的过磷酸钙只有 7% 被固定于土表，其余 90% 都被雨水淋洗到 18cm 以内的土层中。但也有报告说，用有机物覆盖果园土表能使表施的磷下移。总之，磷在土壤中的移动性较差。因此，除砂土或土表有覆盖物外，施用过磷酸钙必须靠近根系附近，才能发挥良好效果。分层施磷肥是比较合理的办法，但在每层内过磷酸钙应集中施入（例如条施或穴施），以减少固定；也可以把过磷酸钙与腐熟的堆肥或厩肥混合施用，这样可提高肥效 30% ~40%，若预先制成颗粒肥料则更好。过磷酸钙做根外追肥，可避免磷被土壤固定，又能被植物直接吸收利用，是一种应急时采用的经济有效的追肥方法。

（二）重过磷酸钙

其主要成分是水溶性磷酸一钙及 4% ~8% 的游离磷酸，有效磷（P_2O_5）含量为 40% ~52%，约为普钙的三倍，故又称为三料磷肥。它不含石膏（$CaSO_4$）等杂质，一般为深灰色颗粒或粉末，有腐蚀性和吸湿性，但吸湿的同时不会使水溶性磷酸盐退化成难溶性磷酸盐，施用方法与普钙相同。

（三）钙镁磷肥

其成分复杂，含磷 14% ~19%，含钙 10% ~15%，含镁 25% ~30%，含硅 40%，为黑绿色或灰褐色粉末，不吸湿、无腐蚀性。钙镁磷肥属于弱酸溶性磷肥，只溶于弱酸，不溶于水，所以施入土壤后，只能靠土壤中的酸或根系与微生物分泌的酸来溶解，因此其肥效比普钙慢，是缓效肥料，只适于做基肥和种肥。它在酸性土壤上的肥效与过磷酸钙相当，但在石灰性土壤上肥效较差，施用等氮量时应与土壤充分混合。

钢渣磷肥、脱氟磷肥、沉淀磷肥、碱溶磷肥、偏磷酸钙等，其性质和施用方法与钙镁磷酸相似。

(四)磷矿粉

磷矿粉是一种含有较多难溶性磷酸盐和少量弱酸溶性磷酸盐的肥料。在酸性土壤中，磷灰粉和一些结晶较差、弱酸溶性磷含量较高的磷灰石粉（例如安徽凤台磷矿粉）可直接用作肥料，肥效比过磷酸钙小而且慢。以等磷量计算，磷矿粉当年肥效仅为过磷酸钙的7%～63%，因此磷矿粉的后效长，次年肥效常大于当年肥效。为了利于肥料中的养分释放，磷矿粉有80%能通过100目筛子为合格。它在酸性土壤上可用作基肥，在中性和碱性土上肥效很差，只有在严重缺磷的情况下，对吸磷能力强的植物有一定效果。磷矿粉也可掺入堆肥中，或与酸性或生理酸性肥料混合施用，以提高肥效。

另外，在磷肥施用上还要注意与氮肥配合施用，以利于提高磷肥肥效。

第三节　钾素营养与钾肥

一、植物的钾素营养

高等植物组织含钾量（K_2O）均为0.5%～5%，平均在1%左右。钾能加速植物对CO_2的同化，促进碳水化合物的转移、蛋白质的合成和细胞的分裂。在这些过程中，钾具有调节或催化的作用。钾素能增强植物的抗病力，并能缓和由于氮肥过多所引起的有害作用；钾能减少植物蒸腾，调节植物组织中的水分平衡，提高植物的抗旱性；在严冬季节，钾肥可以促进植物体中淀粉转化为可溶性糖类，从而提高了植物的抗寒性。

钾在植物体中的分布与蛋白质的分布一致，多数分布在茎、叶部分，特别集中在植物的幼嫩组织中。钾在植物体内移动性和再利用能力很强，向着植物生命最活跃的部位靠近或向生长点的分生组织转移，如芽、根尖等处含钾量较多。植物体内的钾主要以钾离子状态存在。

植物缺钾，其地上部首先在老叶上表现症状，通常是老叶叶尖和叶缘发黄，进而变褐，渐次皱缩枯萎，黄化部分从边缘向叶中部扩展，并在叶面上出现褐色斑点甚至斑块，症状可蔓延到幼叶，最后退绿区坏死、叶片干枯、顶芽死亡。不同植物的缺钾症状有所差异，例如天竺葵缺钾，幼叶呈淡黄绿色，叶脉则呈深绿色，老叶的边缘及叶脉间呈灰黄色，叶脉间有一些黄色和棕色斑点，中部则有锈褐色的圆圈，边缘以后变成黄褐色焦枯状。金鱼草缺钾，幼叶黄绿色，叶脉呈深绿色，叶缘则微染红色，较老叶的表面呈紫绿色，并沿叶缘枯腐，整个叶片上普遍出现紫斑。椰子缺钾最初症状是在老叶上散布着浅绿色的小斑点，以后叶片变老，斑点扩大，并从黄色变成枯黄色，然后再变成红棕色，从边缘、叶尖开始干枯。香石竹缺钾，下部叶的叶缘产生不规则的白斑，接着向上发展，生长衰弱。三色堇缺钾症表现为从老叶的叶尖开始变白枯死。如果菊花缺钾，在生长初期，下部叶的叶缘出现轻微的黄化，先在叶缘发生，以后是叶脉间黄化，顺序很明显；在生育中、后期，中部叶附近出现和上述相同的症状；叶缘枯死，叶脉间略变褐色，叶略下垂。

另外，由于钾在植物体内的移动性比氮和磷都大，当钾不足时，钾从老组织转移到幼嫩部位再利用，所以缺钾症状较氮、磷表现迟。如植物外表出现缺钾症时再补追钾肥，则为时已晚，因此钾肥的施用宜早不宜晚。此外，植物将成熟时，钾的吸收显著减弱，甚至在成熟期部分钾会从根系分泌到土壤中，因此后期追肥钾肥效果不明显。

二、土壤中的钾素

土壤中的钾除人工施肥加入之外，完全来自含钾矿物的分解释放，其含量和土壤母质的矿物组成有关。土壤母质中的含钾矿物主要有 3 大类：钾长石类、云母类和次生的粘土矿物类。我国土壤全钾量多在 2.5% 以下，并有自南向北呈逐渐增加的趋势，如华南砖红壤地区，土壤全钾量平均 <0.3%，而东北黑土和内蒙古的粟钙土全钾量最高，可达 2.6%。

根据土壤中钾素对植物的有效性不同，可将土壤中钾分为 3 大类：

(一)土壤中钾的分类

1. 无效态钾

又叫矿物态钾，指的是存在于矿物中的钾，约占土壤全钾量的 90% 以上。含量虽多，但植物无法直接吸收利用这种形态的钾，只有经过长期的分化过程后，才能逐渐释放出来。

2. 缓效态钾

包括被 2:1 型层状粘土矿物固定的钾和黑云母、水化云母中的钾。缓效钾约占土壤全钾量的 2% 以下。这类钾不能迅速被植物吸收利用，只有在一定条件下逐渐释放出来，才能被植物吸收。它通常与土壤中速效钾保持一定的平衡关系，对土壤保钾和供钾起着调节作用。

3. 速效态钾

包括土壤中、溶液中的钾离子和土壤胶体上所吸附的可代换性钾，它们易被植物吸收利用。速效态钾约占土壤总钾量的 1% ~2%，其中代换性钾约占速效态钾的 90%，溶液中的钾约占 10%，而且代换性钾与水溶性钾在土壤中处于同一平衡体系中，它们可以相互转化。

土壤全钾量可以反映土壤钾素潜在的供应能力，而土壤速效钾含量则是土壤钾素现实的供应指标。土壤中这 3 大类钾在一定条件下是可以相互转化的。

(二)土壤中钾的转化

1. 矿物钾和缓效钾的释放

在自然状态下，植物生长所需的钾主要来自土壤含钾矿物的风化，其风化速度决定于矿物钾本身的稳定性和环境条件。对于性质稳定的含钾长石类矿物，需在水、植物和微生物生命活动分泌的各种无机酸、有机酸的作用下，缓慢地风化，转化成高岭石，同时释放钾素。

$$K_2O \cdot Al_2O_3 \cdot 6SiO_2 + H_2O + 2H_2CO_3 \longrightarrow Al_2O_3\,2SiO_2\,2H_2O + 2KHCO_3 + 4SiO_2$$
$$（钾长石） \qquad\qquad （高岭石）$$

$$KHCO_3 \rightleftharpoons K^+ + HCO_3^-$$

以上释放出的 K^+，有少量存在于土壤溶液中，部分被吸附在土壤胶粒上成为交换性钾，这两种钾均为速效钾。除此之外，还有的又重新进入次生矿物晶层间，成为缓效性固定态钾。

2. 钾的固定

即速效钾转化成缓效钾的过程。2:1 型粘土矿物晶体结构中有六角形的蜂窝状孔穴，孔穴直径约 2.7 埃，这个孔穴恰好能容纳钾离子进入其间，所以当交换性钾离子落入这一孔穴内并被闭蓄在里面，就会暂时失去活性，成为固定态的钾。

我国南方酸性土中，以高岭石类粘土矿物为主，固钾量少，土壤中钾含量也少，应及时补充钾肥；北方石灰性土壤，粘土矿物以蒙脱石和水化云母为主，固钾量大，土壤中全钾量也高，所以在一定生产水平下，钾的供应并不太缺乏。

三、钾肥

(一)氯化钾

氯化钾(KCl)，含 K_2O 55% ~62%，白色结晶，易溶于水；含杂质时呈淡黄或淡红色；有吸湿性，久存易结块；是速效钾肥，属生理酸性肥料。由于氯化钾中含有氯素，所以不宜施给忌氯植物，适宜做基肥和追肥。盐土施氯化钾，会增加土壤含盐量，不宜施用；在酸性土壤中施用氯化钾应配合施用石灰和有机肥料，以防土壤 pH 值迅速下降；在中性土壤上施用氯化钾也要通过增施有机肥料，提高土壤的缓冲能力，防止土壤中钙的淋失与土壤板结；在石灰性土壤中，因有大量的碳酸钙中和酸性(由于植物吸收的钾比氯多，因此土壤中氯含量增加，使土壤酸性增强，pH 值下降)，同时也不必担心钙的损失，故施用氯化钾一般不会产生不良后果。

(二)硫酸钾

硫酸钾(K_2SO_4)，含 K_2O 48% ~52%，白色结晶，易溶于水，吸湿性小，速效钾肥，属生理酸性肥料。它的施用方式和对土壤的影响与氯化钾相似。

(三)草木灰

草木灰是植物燃烧后所剩的灰分。有机物和氮在燃烧过程中大多被烧失，因此草木灰中主要含植物体内的各种灰分元素，如磷、钾、钙、镁及微量元素，其中以钾、钙数量为多，所以草木灰可称为农家钾肥，但事实上起着提供多种养分的作用。

草木灰中含有各种钾盐，其中主要为碳酸钾，其次为硫酸钾，氯化钾含量较少。这些都是水溶性钾盐，所以草木灰是速效性钾肥，其所含的磷为弱酸性的钙镁磷酸盐，有效性也较高。因草木灰中含有氧化钙和碳酸钾，所以呈碱性反应。草木灰一般做基肥和追肥，它的水溶液也可用于叶面喷施。

钾肥最好集中条施或穴施于根际附近的土层中，因为土壤表层干湿交替频繁，表施钾肥则易被土壤固定。钾肥也可撒施后耕翻入土和叶面喷施。钾肥当年利用率约为20% ~30%左右，它有一定的后效，所以若连年施用或前茬施用较多钾肥时，钾肥肥效将有下降趋势。除酸性砂土、某些赤红壤和砖红壤以及橡胶树、油茶等树种外，单施钾肥一般是无效的，只有与氮、磷配合施用才有效果。但因草木灰呈碱性反应，故其不能与铵态氮肥混合施用，也不能与人粪尿、圈粪等有机肥料混合施用，以免引起氮的挥发损失。

土壤养分是植物生长发育的基础，不同的土壤类型，对植物的供养能力不同。

不同土壤的养分含量有很大差异，有些植物对养分元素要求较高，在土壤肥力高时，才可生长良好，如白蜡树、核桃楸、水曲柳、椴树、红松、云杉、悬铃木、榆树、苦楝、香樟、夹竹桃、玉兰、水杉等；有些植物比较耐瘠薄，能在土壤养分含量低的情况下正常生长，比较常见的耐瘠薄的植物有：丁香、树锦鸡儿、樟子松、油松、旱柳、刺槐、臭椿、合欢、皂荚、马尾松、黑桦、蒙古栎、沙棘、紫穗槐、星星草、月季、地被菊等。植物根系吸收养分后，通过韧皮部输送到需要的部位，当落叶时，又将大部分吸收的无机养分归还到土壤中。在德国的云杉林区，调查表明，93%的钾、80%的钙和镁、70%的氮和磷都归回土壤。因此，清除公园绿地和街道上的枯枝落叶，将会使土壤失去这部分营养元素。

因此，园林绿化中对园林植物的选择及其管理，必须考虑园林绿地的土壤特点、植物本身特性，才可进行合理的配置。

第十一章　园林土壤

第一节　城市绿地土壤

城市绿化效果的好坏，绿化效益的高低，除设计、施工等主观因素外，很大程度决定于植物生长的环境因子。城市环境不同于农村，人口集约、输入能量大。处于城市的绿地土壤与农田土壤、自然土壤的生成条件有很大不同，因而形成了独特的土壤类型。

一、城市绿地土壤的范围

城市绿地土壤就是指生长园林植物的绿化地块的土壤，如公园、街道绿地、单位环境绿地、居民住宅区绿地及苗圃、花圃等。这些绿地由于所处区域环境条件不同，土壤类型也有区别。

二、城市绿地土壤的类型

(一)填充土

城市绿地大多属这种土壤，它们是房屋、道路建设好后余下的空地，或是新建、改建的公园绿地。原来的土壤被翻动，土体中填充进城市建筑的渣料和垃圾，或是混入僵土、生土。

(二)农田土

如苗圃、花圃及城市部分绿地。这些地区的土壤还保持着农田土的特点。但苗圃地由于带土起苗、再加上枝条、树干、树根全部出圃，有机质不能归还土壤，因此土壤肥力逐年下降。

(三)自然土壤

如郊区的自然保护区和风景旅游区，土壤在自然植被等的影响下，土壤剖面发育层次明显。

三、影响城市绿地土壤的主要因素

从生态学观点看，土壤与环境是一个整体。城市环境会影响城市绿地土壤的成分、性质和肥力。城市绿地土壤的成土因素同样受人、气候、地形、生物等的影响。

(一)高密度的人口

尤其是大城市，近30年来，人口急剧增长，随着城市人口的膨胀，相应而来的是密集的建筑群和道路网，频繁的建筑活动，大规模的道路铺装，使城市绿地土壤形成土源复杂、土层扰动较多，并夹杂有大量建筑垃圾的土体。

(二)特殊的城市气候条件

由于城市热岛效应，一般说无论冬天或夏天城市温度都比四周郊区温度高。这种热岛效应尤以冬季夜间最为明显。以北京为例，城区冬季夜间气温，平均比郊区高1℃以上。城区建筑物林立，地面粗糙度增大，风速比郊区小；城区土地由于植被面积小，水气蒸发少，气温高，因此城区相对湿度比郊区低。城区的热岛效应会使上升气流增强，大气污染微粒可做为水汽凝结核，因此城市雨量比郊区多，如北京城区雨量比郊区多15%。

但是由于城区内环境特点与建筑方向不同，形成的小气候差异很大，如弄堂狭道风速大；高楼之间南北方向街道中午阳光曝晒，而东西方向背荫。不同气候条件影响着土壤水、热状况。

(三)多群落的植被组成

园林植物中有乔木、灌木、花卉、草皮等。不同植物的根系深度不同。植物根系能影响土壤微生物的组成和数量，从而促进或抑制某些生物化学过程。另外，植物残体的有机组成不同，它的分解方式和产物也不同。一般说，凡是含木质素及树脂等难分解成分较高的植物残体，如针叶林的枯枝落叶等，矿化作用比较难，而有利于腐殖化；反之，凡是含糖及蛋白质较高的有机残体，如豆科花卉、草皮等就易于分解，不易形成腐殖质。

(四)处于沿海(河)的城市

由于过度抽取地下水等原因而导致地面下沉，地下水位抬高，如上海等地，很多地区的地下水位常在1m左右，使土壤剖面中下层处于浸渍状态，影响植被根系向下伸展，土壤常年处于嫌气环境，养分很难被分解、释放。在气候干旱的滨海城市，土壤含盐量高，如排水不畅，又会引起土壤盐渍化。

(五)土壤受污染的危害

土壤污染的来源大致可分以下几个途径：

(1)城市工厂排放的废气随重力作用飘落进入土壤。

(2)被污染了的水随灌溉进入土壤，如含过量酚、汞、砷、氰、铬的工业废水，如果未经净化处理就排放土中，会造成土壤污染。

(3)由汽车尾气、燃煤、燃油等排放的二氧化硫、氮氧化合物等气体，在空中扩散与空气中的水分结合成酸雨，其pH值小于5.6。酸雨能否使土壤酸化，决定于土壤缓冲能力的大小。一般说，石灰性土壤(北方土壤)不易酸化，但若酸雨落到缓冲能力小的土壤中，会增加土壤酸度。

(4)用岩盐融化道路上的冰雪，渗入土中会增加土壤盐分，提高土壤pH值。此外，农药、化肥、除草剂等有毒物质进入土壤中，若浓度超过了土壤自净能力限度时，将会阻碍和抑制土壤微生物区系的组成和其生命活力，从而影响土壤营养物质的转化和土壤腐殖质的形成，也就影响了园林植物的生长势。

因上述城市环境条件的影响，使城区绿地土壤剖面组成与土壤性质皆有不同于自然土壤和农田土壤的特点。

四、城市绿地土壤的特点

(一)自然土壤层次紊乱

由于工业与民用建筑活动频繁，城市绿地原土层被干扰，表土经常被移走或被底土覆盖，土层中常掺入建筑房屋、道路挖出的底层僵土或生土，打乱了原有土壤的自然层次。

(二)土体中外来侵入体多而且分布深

城市绿地的侵入体是指土体内有过多建筑垃圾、碴砾，它们的成分复杂。据前苏联园艺界研究结果，说明大于 3mm 的碴砾存在于土壤中，对木本植物生长不仅无害，反而有利。如油松、合欢、元宝枫等树木在含大量砖瓦、石块的土壤中生长良好。但若土层中含有过多砖瓦、石块，甚至成层成片分布在土层里，不仅会影响植树时的挖坑作业，也会妨碍植物扎根，影响土壤的保水、保肥性，使土温变化剧烈，不利于植物正常生长，必须清除掉。

侵入体成分大致可分粘土砖、陶瓦砾石、炉灰碴、石灰、沥青混凝土等。现分别介绍如下：

(1)粘土砖及陶瓦本身多孔隙，可增加土壤的通气、持水性能；

(2)砾石、煤焦碴不但可增加土体内的大孔隙并对外界的压踏起支撑作用，避免土壤变紧实；

(3)石灰一般指石灰石($CaCO_3$)，它的溶解度小，对土壤 pH 值不会有太大影响；

(4)沥青混凝土有毒，如果土壤里含量太多，最好将其清除；

(5)粉煤灰含磷、钾营养元素，它的质地相当于粉砂壤土，对粘重土壤可起疏松作用。

(三)市政管道等设施多

街道绿地土壤内铺设各种市政设施，如热力、煤气、排污水等管道或其他地下构筑，这些构筑物隔断了土壤毛细管通道的整体联系，占据了树木的根系营养面积，影响树木根系伸展，对树木生长有一定妨碍作用。

(四)土壤物理性状差

因行人践踏、不合理灌溉等原因，城市绿地土壤表层土壤密度高，土壤被压踏紧实，土壤固、气、液三相比，固相或液相相对偏高，气相偏低，土壤透气和渗入能力差，树木根系分布浅，受土壤温度变化影响大。从测定公园绿地温度得知，由于游人践踏等原因，绿地原有植被破坏殆尽，赤裸的土温变化剧烈，夏天地表土温可高达 35℃，影响了树木须根的生长。

(五)土壤中缺乏有机物质

土壤中的有机质来源于动植物残体，而城区绿地土壤中的植物残落物，很少回到土壤中。也就是说，绿地土壤中的有机质只被微生物转化和被植物吸收，而没有通过外界施肥等加以补充。年复一年，致使城市绿地土壤中的有机质日益枯竭。据北京市园林科学研究所分析化验树林土壤得知，土壤中的有机质低于1%。上海园林科学研究所调查结果，凡保留落叶较好的封闭绿地，有机质含量能达到 2% 左右，而用"生土"，或挖人防工事堆积的土山，有机质仅为 0.7%。土壤中有机质过低，不但土壤养分缺乏，也会使土壤物理性质恶劣。

(六)土壤 pH 值偏高

以北京和上海为例，这两个地区自然土壤为石灰性土壤，pH 值为中性到微碱性。如果城区绿地土壤中夹杂较多石灰墙土，会增加土壤中的石灰性物质。土壤 pH 偏高也与土壤含盐量有关。据研究，油松土壤含盐量应小于 0.18%，松树应小于 2%，pH 值为 6.5～8.0，超过这个数值对树木生长不利。

长期用矿化度高的地下水灌溉也会使土壤变碱，如北方栽种酸性土花卉，使用由南方运来的酸性山泥，由于酸性山泥缓冲作用小，几年后山泥的 pH 值就会升高。

五、城市搅动土的剖面类型

　　城市市区的搅动土虽然层次紊乱，但仍可划分出若干剖面类型。这些剖面类型反映了土壤搅动或人为堆积的特点，并且对土壤肥力和栽种适宜性产生深刻的影响。如果受人为影响的程度较浅，则其剖面形态可能基本上与当地的自然土壤或耕作土壤相似（图 11-1a），不过市区内这样的土壤是很少见的（可能见于新建或扩建城区）。有的土壤只是表层被扰动，并混进了数量和种类均超出一般农田土壤的侵入体（垃圾中的砖瓦、煤灰、煤渣、塑料、玻璃、铁器、沥青混凝土等）（图 11-1b），这样的土壤虽可见于城区，但以近郊菜地居多。

　　当土壤表层被破坏取走，这样就出现了残缺剖面（图 11-1c）。如果缺少的只是 A_1 层或耕层的一部分（这种情况在土层深厚的北方城市出现较多，尤其是黑土地区的哈尔滨、吉林、长春等城市），通过合理的翻耕和其他一些措施，可使土壤肥力在较短时间内得以恢复，直接建植草坪、栽种花木或树木都不失为良好的土壤；但若残缺严重，黏重、紧实、结构不良的 B、C 层或底土层露出地表，则改良起来就困难得多，直接用于绿化时植物常达不到正常的生长状态。在平整土地时，高处的表土或整个土壤层也可能被铲除，再堆积地势较低处，这样在原来的高处位置也会产生如上的残缺剖面；而在原低处位置则形成混合土覆盖型（铺垫较薄，图 11-1d）或混合土堆积型（铺垫较厚，图 11-1e）的剖面，其中被埋藏的原剖面基本上保持固有的形态特征（完整与否取决于被埋时的状态），而覆盖或堆积的混合土层的形态特征则与填充土剖面相近（图 11-1i）。一些大型工程的残土倾倒在地面时，也会形成相似的混合土覆盖型或混合土堆积型剖面，不过残土的组成可能根本不是土壤，而是深层的地质沉积物（相当于母质）。若覆盖层较薄，其下覆土层（原土壤剖面的表层）可能仍对整体肥力发挥作用，栽植扎根较深的树木时表现尤为明显。

　　随着房地产开发业日趋火爆，也产生了大量的基建残土。这种残土又称建筑垃圾，除了混合的土壤（包括母质）外，还夹杂着大量的砖头、石块、变性水泥、石灰、生活垃圾等。基建残土向地面倾倒或原地回填，就会形成残土覆盖型（图 11-1g）或残土堆积型（图 11-1h）等剖面。被埋藏的原剖面有时完整，但大多数情况下不完整（即扰动后又堆积）。在很多情况下，较厚的堆积层由于堆积的时间不同还可划分出若干亚层，其中还夹杂着特殊异质土层，如碎砖瓦层、变性水泥石灰层、煤渣层及生活垃圾层等，它们的特点是"杂物"多而细土少，对整个堆积土体的性质和肥力都有很大影响。

　　城市中还有一种人为土壤，原土被深挖后又机械回填（如埋设各种市政管线等），强烈的扰动完全打乱了原有的发生层序列，使底层生土（甚至是母质）与表层土壤（熟土）无规律地机械混合，从而形成深厚的混合土回填型剖面（图 11-1i）。这种剖面通体没有明显的层次，有的颜色混合均匀，有的混合不均匀。各种不同大小、形态、颜色的结构体（团聚体）都有，底层产生的新生体也可见于混合后的表土层中。回填经过适当压实或自然沉降，这种土壤可在较长时期内保持良好的通透性，直接栽植树木（行道树）可能长得很好；不过，铺设草坪或栽植花卉往往就不太适宜，因为能力偏低，所以需采取改土、施肥措施。

　　以上讨论了一些城市人为土壤的剖面特征，当然，这些远不是城市绿地所涉及的人为土剖面类型的全部，很多类型还有待于广大园林绿化工作者到实践中去观察和研究。关于城市人为土壤，还可以按侵入体（渣砾）的种类和含量进行分类和评级，详见本章第五节和

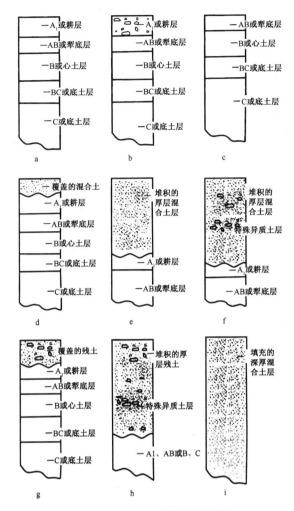

图 11-1　城市土壤的剖面类型

第七章的介绍。

六、改良城市绿化土壤的措施

(一)换土

植树时如果种植穴碴砾含量过多，栽种前可将影响施工作业的大碴石拣出，并掺入一定比例的土壤；对土壤质地过粘，透气、排水不良的土壤可掺入砂土，并多施厩肥、堆肥等有机肥，以改良土壤物理性质；若土层中含沥青物质太多，应全部更换或适合植物生长的土壤。

(二)保持土壤疏松，增加土壤透气性

1. 采用设置围栏等防护措施

城市绿地为避免人踩车轧，可在绿地外围设置铁栏杆、篱笆或绿篱。实践证明效果较好，如上海外滩，处于闹市中心，行人多，由于绿地周围使用了栏杆和绿篱加以保护，土壤密度为 $1.3g/cm^3$ 左右，比较理想。说明封闭式的绿地土壤不受人流影响(表 11-1)。

表 11-1　不同开放程度的绿地土壤密度（上海市）　　　　　单位：g/cm³

	开放式	半开放式	封闭式
中山公园	1.50	1.38	1.24
虹口公园	1.60	1.30	1.19
静安公园	1.50	1.43	1.36

（引自《上海园林科技》1985，第二期）

2. 改善植树带环境

街道两侧人行道的植树带，可用种草或种其他地被植物来代替沥青、石灰等铺装，利于土壤透气和降水下渗，增加地下水储量。

另外，也可用透气铺装，用上面宽、下面窄的倒梯形水泥砖（图 11-2）（如上面 40 cm × 40 cm，下面 38 cm×38 cm，或是上面 40 cm×20 cm，下面 38 cm×18 cm）铺装，铺装后砖与砖之间不用水泥浆沟缝，下面形成三角形孔道，利于透气。在水泥砖下面直接铺垫 10 cm 厚的灰土，其配比为锯末、灰膏、砂子（1∶1∶0.5）用来稳固砖块。除此，还有用打孔水泥砖、铁篦子等透气设置铺装在古树名木的周围。

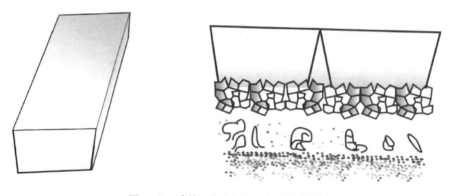

图 11-2　砖的形状（左）及铺设方法（右）

在澳大利亚城市，常见树木周围铺垫一层坚果核壳，不仅能承受人踩的压力，还可保墒保温，对风速小的城市较为合适。

3. 植树应按规范化挖坑

树坑大小应依树龄、树高而定。一般 3m 以下乔木，应挖坑直径 60～80cm，深 60cm。但我国不少城市树木的定植坑过小，直径仅 30cm 左右，树坑以外就是不透气的路面，树木根系只能生长在很狭小的空间里；另外也不要栽植过深，这对一些要求通气良好的树种生长不利。

4. 采取特殊的通气措施

公园绿地重点保护的古树名木可采取埋置树木枝条的方法。具体做法是：

（1）开穴。在树冠投影外边缘处开穴，每棵树开 4～8 个穴，穴长 120cm 左右，穴深 80cm 左右。开穴时注意清除灾害杂质，如遇粘重土壤应更换成砂质壤土。

（2）剪根。对树木的细根应当修剪，剪口平滑，以促发新的须根。

（3）备条。利用修下来的紫穗槐、国槐等豆科树木枝条（直径 1～5cm），截成 35～40cm 的枝段，捆成直径 20cm 的枝束，备用。

（4）埋条。穴内先垫10cm的粗砂，将成捆的树条横铺一层，上面撒少量熟土，再施入有机氮、磷肥，如麻酱渣10~20kg，骨粉2 kg或干鸡粪（富含磷素）20kg，均匀撒施穴内上覆10cm熟土，再放第二层枝条。在坑内距树远的一头竖放一捆枝条，以增进地下与地表的通气效果，最后平整地表。

（三）植物残落物归还土壤、熟化土层

土壤与环境的物质、能量交换是土壤肥力发展的根本原因。将植物残落物重新归还给土壤，通过微生物分解作用，可形成土壤养分，改善土壤物理性状。据报道，北京日坛公园附近有些油松生长的枝繁叶茂，苍翠苗壮，原因是公园管理人员在树下挖穴，埋入大量树叶，这不仅使土壤养分增多，还使土壤变得疏松，提高了土壤的保水保肥及通气性。

但是，为了防止林木病虫害再次滋生，最好先将枯枝落叶等残落物制成高温堆肥，用堆肥产生的高温杀死病菌、虫卵，待堆肥无害化后再施入土中。

（四）改进排水设施

对地下水位高的绿地，应加强排水管理。如挖排水沟或筑台堆土，建成起伏地形以抬高树木根系的分布层。如北京青年湖平地上的毛白杨，因地下水位高而生长不良，但在堆土山丘上生长的树木却十分苗壮。在土壤过于粘重而易积水的土层，可挖暗井或盲沟，暗井直径100~200cm，深200 cm或挖到地下的透水层相连接，暗井内填充砾石和粗砂；盲沟靠近树干的一头，以接到松土层又不伤害主根为准，另一头与暗井或附近的透水层接通，沟心填进卵石、砖头，四周填上粗砂、豆石等。

七、绿地土壤施肥的方式与方法

（一）施肥方式

施肥有3种基本方式，即基肥、种肥和追肥。

1. 基肥

基肥又称底肥，主要是指播种或定植前结合土壤耕作或整地而施用的肥料。它在施肥中占有重要地位，担负着培肥土壤和供给植物整个生长发育期（对多年生植物可能是几个生长发育期）中所需养分的双重任务。基肥常以肥效持久的有机肥料为主，适度配合化学肥料。

2. 追肥

追肥是指在植物生长发育期中进行的施肥，其目的是满足植物在不同生育期对养分的特殊需要（如旺盛生长期、开花期等）。为补充基肥的不足，在植物的整个生长发育期（或生命期）中可进行多次有针对性的追肥。追肥一般以速效性肥料为主，腐熟良好、速效养分含量高的有机肥也可用作追肥。

3. 种肥

种肥是指在播种或幼苗扦插时施用的肥料，主要目的是供给幼苗初期生长发育对养分的需要，有些情况下（如微量元素）也兼具长期效应。种肥一般以速效化肥和腐熟的优质有机肥料为主，一些微量元素肥料亦常用作种肥。由于种肥常和种子或幼苗根系直接接触，所以对肥料种类和用量要求严格。一般来说，种肥浓度不宜过大，不能过酸、过碱，亦不能含有毒物质或易产生高温。

（二）施肥方法

1. 撒施

苗圃、花圃、花池、草坪等整地时施用的基肥多采用撒施，即将肥料均匀铺撒在地面上，耕翻时一起翻入土中，然后耙匀。已建成的林地（包括竹林）或大树下的土壤也可以撒施有机肥，然后浅翻（松土）埋肥。草坪撒施在基肥后，可结合打洞作业或通过土壤动物活动将肥料逐渐混入根层土壤。

在密播、密植型绿地（如草坪）追施速效氮肥时，往往难以深施，可以采用撒施后结合灌水的方法，或结合降雨施用，使肥料随水渗入土中。但灌水要控制好，以防肥料流失。

2. 沟施、穴施

有些时候，均施（将肥料均匀混入土壤）的肥料因强度太低而效果不明显，或因与土壤接触面积太大而易于被土壤固定。为了提高肥效，避免浪费，可采取开沟或挖穴集中施肥的方法。

树木和灌木栽植时，常将基肥施于树穴底部，或与土壤混匀后填穴。株行距大的花卉追肥时亦可在植株旁开浅穴施入，然后盖上。行状林木、条播苗木及行状栽植的花卉追肥时，常在行间或行列附近开沟，把肥料施入后盖土。单株树木施肥常是在树冠投影下大约沿投边缘位置开环形、半月形或辐射状的沟，进行埋肥。注意环状开沟深度应适宜，一般为25cm左右，不要伤及太多的树根。另外，在第八章介绍的大树埋条法，也是施肥的好办法。

沟施、穴施基肥时忌基肥施座肥，即土壤内施足基肥后，应在肥料上面盖一层土，然后栽种植物，尽量避免根系与肥料直接接触。以沟、穴形式进行追肥时，也应注意肥料不要与密集的根系接触，以免烧根。

3. 洞施

如果大树下面为铺装地面或草坪、地被，或者因其他原因而不能开沟施肥时，就只好用打洞的办法将肥料施入土壤。打洞时可用较大的手工土钻或机动螺旋钻，钻孔直径5cm左右，深度约30～60cm，视根系深度而定；忌用冲击钻打洞，这样会使土壤紧实。施肥洞点应分布到树冠区外沿2～3cm的范围内，从距树干75～120cm处开始，每隔80cm钻一个施肥穴；如果地面狭窄，穴距可减小到50～60cm。

填入洞中的肥料，最好是林业专用缓释肥料；如果没有这种专用肥，以优质有机肥为主的混合肥料亦好，可适当配以少量速效化肥；绝不可将大量易溶性化肥集中填入洞中。在有草坪、地被的情况下打洞施肥后，应随后加土封洞；在铺装地面（路面）施肥后，则要将肥料和地表之间的10cm空隙（原沙石层或灰浆层），用直径2～15mm的粗砂砾石填满，然后盖好铺装砖（沥青路面用碎石填平即可）。

4. 灌施

灌施即将可溶性化肥溶于水中以后再施入土壤，其具体施用方法很多。多数情况是将肥料溶液全面浇在地上，或在行间开沟注入后盖土；有时也将肥料直接溶于灌溉水中进行浇灌，在滴灌时这种办法就更好。浇灌施肥时应当先松土，使土壤稍干燥，这样有利于肥料迅速下渗被根系吸收，注意不要将肥料沾在植物茎上、叶上，以免烧伤植物。

单株大树可在树冠下开较浅的环状沟进行肥液浇灌，也可打洞灌注。当树下安装有通气管路系统时，肥液亦可顺管路灌注。

5. 叶面喷施

叶面喷施是根外追肥的主要方法，即将速效性化肥配制成低浓度的稀溶液，用喷雾的办法喷施在叶子表面。在花木刚定植时，因根系尚未恢复，所以根外追肥具有相当的优越性。一般的化学肥料，如尿素、硫铵、过磷酸钙等都可用于根外追肥。某些易溶性磷肥料（如磷酸二氢钾）和微量元素肥料因施入土壤后易被固定，且价格昂贵，所以通常采用根外追肥法。目前，市场上已有各种各样的复合喷施制剂出售。

6. 埋干和树干注射

当树木营养不良时，尤其是缺乏微量元素时（如缺铁性失绿），在树干中挖洞填入相应元素的盐类亦往往见效。幼树、花木类则可采用树干注射的办法将微量元素增加到植物体内，然后逐渐转移到冠部发挥作用。埋入量或注射量大约是1年或几年的吸收量。

7. 浸种、拌种、沾根

在播种前，用含有肥料的稀溶液浸种，或用其固体稀释制剂拌种，对促进幼苗早期生长有作用，这就是通常所说的种肥。最常用的是微量元素和胡敏酸类肥料。

对于移植苗木或秧苗，栽植前亦可用种肥溶液或固体制剂沾根，随沾栽植，有的沾根制剂中还加入了适量的保湿剂、生根粉等植物生长调节剂。

以上一些施肥方法，需根据实际情况选用，也可多种方法配合。

第二节　容器土壤和盆栽混合物

因受容器的限制，用于苗床和容器栽培的混合物，同田间土壤比有很大的差别。和田间土壤相比，容器土壤较浅，一般呈短柱状，装满土壤的容器如同一个实体，容器底部像一个高水位，同样土壤在容器中比在田间要难于排水。在容器土壤中，通气性是主要因素。

另一个重要因素是植物生长所必需的水分、养分，由于受容器容积的限制，有效体积减少，因此，需要频繁的浇水和施肥，这样就会导致表土板结，土壤通气性变差。

表 11-2　选择盆栽混合物的主要因素

经 济 因 素	化 学 因 素	物 理 因 素
价格	吸收性能 CEC	通 气 性
有 效 性	营养水平	持水性能
重复利用	pH	粒子大小
混合难易	消毒	容重

优良的盆栽混合材料，首先要具有良好的通气条件，同时要有充足的持水量和保肥能力，选择盆栽混合物材料需要考虑的主要因素见表11-2。

总之，作为盆栽混合物的材料应该具有良好的理化性质；价廉易得，重量轻，质地均匀；卫生清洁，不易感染病虫害。只有了解各种混合介质的理化性质，才能做到正确的选择和合理的使用。

一、容器土壤和盆栽混合物的物理性质

（一）容重

单位体积物体的重量（包括孔隙）。通常用 g/cm^3 表示。容重越大，土壤越紧密，团聚

体越少。田间土壤容重常见范围是 $1.25 \sim 1.50 g/cm^3$，这对容器土壤来说显得过大。因为，容重大的土壤，一方面不利于植物根系的发育；另一方面，容器土壤需要经常搬动，如一只直径 30cm 的容器，装满田间土壤，干重为 $28 \sim 33 kg$，湿重接近 40 kg，从劳动力的消耗和经济角度考虑都显得太重。适合容器植物生长的土壤容重为小于 $0.75 g/cm^3$。生长在小盆中的低矮植物，容重可在 $0.15 \sim 0.50 g/cm^3$ 之间。观叶植物因为容易受风吹或喷水的影响，容重控制在 $0.50 \sim 0.75 g/cm^3$ 较好。土壤容重过大，可以添加土壤改良介质，不同土壤改良介质对土壤干、湿容重的影响也不同（表 11-3）。

（二）孔隙

频繁的下雨或浇水会使盆栽土壤表面致密，通气不良，致使植物生长量降低，有时甚至死亡。没有氧气，根就不能吸收水分和养分。栽培介质和大气之间没有充分的气体交换，根系放出的 CO_2 对植物有毒害作用。所以，适当灌溉有利于气体交换，可以迫使生长介质中的空气在水分排走时被新鲜空气替代。

表 11-3　添加土壤改良介质对土壤干、湿容重的影响（B. Clark 1959）

土壤混合	容重（kg/m^3）	
	干	湿
粉壤	1520	1776
粉壤 + 松刨花（50% + 50%）	1072	1456
粉壤 + 红松刨花（50% + 50%）	800	1216
粉壤 + 树皮（50% + 50%）	912	1296
粉壤 + 水藓泥炭（50% + 50%）	832	1296
粉壤 + 浮石（50% + 50%）	1100	1472

测定孔隙的方法（图 11-3），主要是测定重力水排掉后所留下的大孔隙（即非毛管孔隙或通气孔隙）。这种大孔隙能够在土壤高含水量的情况下为植物提供通气性。

不同观赏植物对不良通气性有不同的忍耐性。对于田间土壤，通气性孔隙至少应为 3% ~ 5%，而盆栽混合物至少为 5% ~ 10% 或者更多。盆栽混合物，由于微生物不断的分解而降低其通气孔隙。另外，由于容器的内壁和底部水膜的存在，也会降低通气性。

土壤中毛管孔隙比非毛管孔隙多。虽然，毛管孔隙有通气作用，但通常充满水，不能保证适当的通气性。因此，土壤中的非毛管孔隙必须维持在 5% ~ 30%。

一般小而浅的容器的盆栽混合物比大盆需要更多的非毛管孔隙。盆壁的吸力，部分抵消重力作用的影响，使排水受到限制。

但是，过高的通气孔隙也是不可取的。由于土壤的持水量低，而引起容器土壤和盆栽混合物的过快干燥。然而，添加改良介质可以改变土壤的渗水率（表 11-4）。

图 11-3　土壤通气的测定图解

表 11-4　1.3m 水层渗透通过不同土壤混合物所需的时间

(Morgan . W. C 1996)

土 壤 混 合 物	时　间(min)
砂　　　壤	52
2/3 砂壤 + 1/3 水藓泥炭	39
2/3 砂壤 + 1/3 红杉木屑	2
2/3 砂壤 + 1/3 煅烧粘土	6

(三)持水量

指容器土壤和盆栽混合物,在排去重力水后所能保持的水分含量。用水分占土重或体积百分数表示。

重量百分数适合于田间土壤。体积百分数是表示容器有效水含量的最好方法,因为有效水是对受限制的容器而言的。表 11-5 说明部分盆栽混合物的持水量用重量百分数和用体积百分数表示有很大差别。

田间土壤持水量在重量百分数为 25% 是合适的，因为植物根系生长不受限制；而对容器植物同样范围的含水量，由于根系生长受到人为的限制，因而是不够的。持水量的范围应该是占体积的 20% ~ 60%，在排水后能够有 5% ~ 30% 的通气孔隙。

表 11-5　几种介质的持水量（Joiner. J. N 1965）

介　　质	最大持水量	
	干重(%)	体积(%)
1/2 泥炭 + 1/2 砂	51	60
1/2 松树皮 + 1/2 砂	45	51
1/2 园艺蛭石 + 1/2 砂	34	43
1/2 园艺蛭石 + 1/2 松树皮	306	86
1/2 园艺蛭石 + 1/2 泥炭	411	94
2/3 松树皮 + 1/3 珍珠岩	296	68

（四）粒子大小

粒子的大小（如粘粒、粉粒和砂粒）和比例决定田间土壤的孔隙度和持水量。将粒径大小不同的配料放入容器所占的体积比单独使用某种粒径的配料所占体积之和要小。原因之一是粒径较小的配料可以填充到粒径大的配料的孔隙中，如 $1m^3$ 的砂和 $1m^3$ 粗树皮混合，其结果为不到 $2\ m^3$ 盆栽混合物，是因为砂子填充在树皮粒子之间的孔隙中，使其体积减小，通气性降低；原因之二是混合物中的有机成分因分解而收缩。对于整个体积而言，表面部分的粒子更为重要。因此，必须根据不同需要，选择不同的盆栽混合物。

二、容器土壤和盆栽混合物的化学性质

（一）碳和氮

C/N 比是表示土壤和改良物质中碳和总氮的相对比值。C/N 比高，微生物活动与植物生长之间竞争有效氮，造成氮的缺乏。因此，C/N 比高的介质除了满足植物生长所需的氮外，还必需补偿微生物活动的需要。

（二）阳离子代换量

阳离子代换量是表示土壤或盆栽混合物吸收保存养分离子、不被水分淋洗、释放养分供给植物生长的能力。通常用 col(+)/kg 干土表示。对于田间土壤用这种表示方法是恰当的。但在盆栽混合物中由于有机成分占较大体积，而容器的体积又有一定的限制，因此，用这种方法表示就显得不够了。用 $meq/100cm^3$ 来衡量容器混合物是比较恰当的（表 11-6），它为单位容器的代换量提供了基础数量。对生长在容器中的植物，要求盆栽混合物的代换量在 $10 ~ 100meq/100cm^3$。

水藓泥炭通常作盆栽混合物的重要组成，其代换量为 $200 ~ 700\ meq/100cm^3$，但是常常用较低的代换量作混合材料。过高的阳离子代换量虽然可以降低营养离子的损失，但对水、肥管理不当，就会造成盐分的积累，并难以淋洗。

表 11-6　几种混合栽培介质的阳离子代换量（Jainer，J. N 1965）

介　　　质	阳离子代换量		
	cmol(+)/kg	meq/100cm^3	meq/15cm
1/2 泥炭 + 1/2 砂	4	4	41
1/2 松树皮 + 1/2 砂	3	3	33
1/2 园艺蛭石 + 1/2 砂	25	31	341
1/2 园艺蛭石 + 1/2 松树皮	125	35	385
1/2 园艺蛭石 + 1/2 泥炭	141	32	352
2/3 松树皮 + 1/3 珍珠岩	24	5	55

（三）氢离子浓度

表示土壤的酸碱度，大多数观赏植物土壤的 pH 值范围是 5.5 ~ 6.5。石灰材料如白云石、碳酸钙、或氢氧化钙能够使低 pH 值增高，而细硫磺粉或其他酸性材料能够使高 pH 值降低。加入石灰或硫磺粉的数量，取决于阳离子代换量和土壤、盆栽混合物原来的 pH 值。改变砂土的 pH 值，比改变粘土和泥炭的 pH 值需要的材料少（表 11-7）。通常用酸性或碱性肥料也可改变 pH 值。

表 11-7　将土壤和盆栽混合物 pH 值变到 5.7 所需改良材料的近似数量（kg/m^{3}[1]）

开始 pH 值	砂土	粘壤土	50% 泥炭 50% 树皮	泥炭
加白云石或等量的钙使 pH 值提高到 5.7				
5.0	0.6	0.4	0.5	2.1
4.5	1.2	2.1	3.3	4.4
4.0	2.1	3.0	4.7	6.8
3.5	3.0	4.4	6.2[2]	9.2
加硫磺粉或酸性混合物使 pH 值降低到 5.7				
7.5	0.6	0.9[3]	1.2	2.0
7.0	0.3	0.6	0.9	1.5
6.5	0.2	0.2	0.6	1.2

（1）如果为 10m^2 亩床，15cm 两倍用量，如果仅 7cm 深，用量见上表。

（2）加 6 kg/m^3 以上白云石，常会引起微量元素缺乏。

（3）如果植物生长在酸性介质中，10 m^2 苗床每次硫磺粉所加的量不得超过 0.5kg。

（四）可溶性盐

在施肥前，盆栽混合物可溶性盐水平高于 100mg/kg（土/水比为 1/2）就认为是高了。在排水良好的情况下，田间土壤或盆栽混合物通常可被水淋洗。盆栽混合物可溶性盐应低于 1000mg/kg，最好为 500mg/kg。

三、容器土壤和盆栽混合物的材料

（一）甘蔗渣

多用在热带地区，具有高 C/N 比，必须加入外源氮，以满足微生物的需要。甘蔗渣持水量很高，在容器中分解迅速，容易造成通气和排水不良，因此很少用在盆栽混合物中。

使用时不能超过总体积的 20%，并且只能用于在容器中生长不超过 2 个月的观叶植物。经过堆腐的甘蔗渣可用于短期作物或育苗繁殖。在观叶植物开始种植以前，甘蔗渣可以作为改良剂混入田间土壤中，特别对粘土效果更好。

(二)树皮

树皮可作土壤改良剂和盆栽混合物的组成部分。树皮可以磨碎成不同大小的碎片，大的直径可达 1cm，一般细小的可作为田间土壤改良剂，粗的可作盆栽混合物的组成部分。一般直径范围为 1.5~6mm。树皮容重近似于泥炭藓，阳离子代换量较低，C/N 比值较泥炭高。

微生物对 9 种硬木树皮的分解需要氮 1.1%~1.4%（按树皮的重量百分数计），而对 19 种软木的分解需氮 0.3%~1.3%。松树皮容重为 250kg/m³，阳离子代换量为 5.0~6.0 cmol(+)/kg，pH 值 4.0~5.5，因此大多数情况下需要加石灰。19 种植物分别种在 100% 松树皮、泥炭和砂（按体积比 1∶1）∶泥炭、珍珠岩(1∶1)上，其效果大致相同，其中种在 100% 松树皮上的植物略显优势。新鲜松树皮的主要缺点是 C/N 比相对较高，最初的分解速度较慢，但是通过堆腐可以得以解决。红杉和桉树树皮有毒性成分，应该通过堆腐或淋洗降解其毒性。硬木树皮能够部分地代替泥炭，作为土壤盆栽混合物具有良好的物理性质，并能保持一年。有报道说硬木树皮作为盆栽混合物组成能抑制植物寄生线虫和土壤病原菌的发生。

用树皮作土壤改良时，需将 5cm 厚的树皮均匀混合在 15~20 cm 深的土层中。作为盆栽混合物时，以树皮用量占总体积的 25%~75% 为好。观叶植物能够在 100% 树皮中生长，但在实践中由于通气性增强，对浇水和施肥不利。

(三)陶粒

陶粒是一种煅烧的粘土，呈大小均匀的颗粒状，不致密，具有适宜的持水量和阳离子代换量，用于盆栽混合物能改善通气性。陶粒无致病菌，无虫害，无杂草种子。如蒙脱石加热到近 1000℃ 时，形成具有许多孔隙的颗粒，其容重为 500kg/m³，不易分解，可以长期使用。盆栽介质虽然从体积上讲可以用 100% 的陶粒，但实际上一般只用占体积的 10%~20% 的陶粒。

(四)粪肥

粪肥容易分解，价格低，有较高的持水量和阳离子代换量。但由于颗粒小，孔隙少，对大多数观赏植物来说，通气性较差，并常含有大量的病原菌、线虫、杂草种子以及残留除草剂等。因此，一般不主张用粪肥作为盆栽介质的组成成分。

(五)垃圾

拣出城市固体垃圾中的罐头盒、金属物质、破布和纸，将剩下的垃圾捣成浆，经不同时期的堆腐后，即可作盆栽介质的成分。城市堆肥作盆栽可以改善通气性，提高阳离子代换量和持水量，使用量控制在 5%~20%。

(六)珍珠岩

珍珠岩(多孔岩石)是粉碎岩加热到 1000℃ 以上时所形成的膨胀岩石。园艺珍珠岩较轻(100kg/m³)，通气良好，质地均一，不分解，对化学和蒸汽消毒都稳定，但无营养成分，阳离子代换量较低，pH 值较高为 7.0~7.5。珍珠岩含有钠、铝和少量的可溶性氟。氟对某些观叶植物具有伤害作用，特别是在 pH 值较低时，用珍珠岩作繁殖介质表现比较明显。使用前必须经过 2~3 次淋洗。

(七)泥炭

又称草炭、泥煤。形成于第四纪，由沼泽植物残骸在空气不足和大量水分存在条件下，经过不完全分解而成。它是一种特殊有机物，风干后呈褐色或暗褐色，为酸性或微酸性。对水及氨的吸收行为很强，其吸收量为本身重量的两倍，甚至还多。有机质含量达20% ~ 80%，但不易分解。其中，含氮量为1% ~2.5%，但速效钾含量很低，仅占全氮的1%左右；不同地区的泥炭含磷钾量差别很大，一般在0.1% ~0.5%左右。

根据泥炭的分布地势、地位、成形等不同，分为低位、高位和中位泥炭。低位泥炭(又称富营养型泥炭)，多发育在地势低洼处，季节性积水或常年积水，水源多为含矿物质较高的地下水，含氮和灰分元素较高，呈微酸性至中性反应。我国多为这种泥炭。高位泥炭(又称贫营养型泥炭)，多发育在高寒地带，主要由含矿物质少的雨水补给植物，以莎草、藓类等为主，含氮和灰分元素较低，为酸性至强酸性，在我国分布面积不大。中位泥炭为两者过渡类型，泥炭容重小，为0.2 ~0.3g/cm³，孔隙率高达77% ~84%，是配制营养土较理想的材料。泥炭在欧美园艺上运用广泛。泥炭也是制造腐殖质酸类肥料的好材料。

(八)稻壳

稻壳作盆栽介质，有良好的排水通气性，对pH值、可溶性盐或有效营养无影响，抗分解能力强，有较高的价值。稻壳在使用前通常要进行蒸煮，以杀死病原菌。但在蒸煮过程中，稻壳将释放出一定数量的锰，可能会造成植物中毒。另外，在使用稻壳的同时，还要施加1.0%的氮肥，以补偿高C/N比所造成的氮缺乏。如果用稻壳改良大田土壤，可将2 ~3cm厚稻壳铺在土壤表面，然后与15 ~20cm深土层混合。用稻壳改善土壤的通气性有特效。

(九)砂

砂通常可作盆栽混合物的组成成分，也可用于粘重土壤的改良。砂的容重较大，持水量和阳离子代换量较小，作盆栽混合物成分之一时，用量不能超过总体积的25%，且粒径以0.2 ~0.5mm为好。不同来源的砂粒，含有不同的成分，如来自珊瑚或原始的火山砂，可能含有毒性元素；海边砂，可能含有较高的盐分，使用时需加注意。

(十)木屑

大多数木屑都有很高的C/N比，在使用时需要掺入较多的氮肥。一般加氮肥的数量至少应占木屑干重的1%。这种氮肥水平对幼小植物生长是必需的，但几周以后，如果氮肥水平不降低，则微生物活动受阻，有可能发生盐分过量的问题。细木屑需氮更多。木屑作为田间土壤改良剂时，一般采用不超过2cm厚的木屑与15~20cm厚的土层混合。

(十一)刨花

刨花在组成上和木屑近似，只是颗粒较大。刨花具有较高的通气性，持水量较低。刨花的C/N比高，但表面积较小，所需氮量较少。含有50%刨花的盆栽混合物，植物生长良好。一般柏树刨花不需加氮肥，而松木和硬木刨花，最初使用时，要加氮肥。刨花作为大田土壤改良剂，方法是将2~3cm厚刨花与15~20cm深土层混合。

(十二)蛭石

蛭石是水化的镁硅酸盐或粘土材料，在800 ~1000℃条件下加热生成的一种云母状物质。加热中水分消失，矿物膨胀相当于原来体积的20倍，所以增加了蛭石的通气孔隙的能力。蛭石容重为100 ~130kg/m³，呈中性至碱性，pH值7 ~9，吸水量可达500 ~650L/ m³。蒸汽消毒后能释放出适量的钾、钙、镁。它是播种繁殖的好介质，但栽培植物后容易致密，所以最好不要作为长期盆栽植物的混合介质，也不以作田间土壤的改良剂。

（十三）岩棉

是用60%辉绿岩和20%的石灰岩的混合物，再加入20%的焦炭，在约1600℃的高温下熔化制成。熔融的物质喷成0.005mm的纤维，用苯酚树脂固定，并加上吸水剂。容重为70kg/m³，总孔隙为96%。

新岩棉由于含有少量的氧化钙，pH值比较高（高于7），加入适量酸使其降低。

岩棉团有两种类型的制品，一种能排斥水的称格罗丹兰，另一种能吸水的产品称为格罗丹绿。格罗丹兰通气孔隙为95%，格罗丹绿吸水容积占95%，将两者按一定比例相混就能得到所需要的水分和空气的比例。

郁金香、风信子和藏红花在岩棉中能促成开花。香石竹在岩棉中种植不但产量高，质量好，还能提早收获时间。月季、菊花切花、大丁草在岩棉中种植都取得良好的结果。

在盆土中，以容积计每3份土壤加入1份格罗丹兰团块，可以获得比较良好的水分、空气状况。如盆高为5cm，应加入50%的格罗丹兰；假如盆高15cm，则应加入25%的格罗丹兰。岩棉能促进树木和灌木在粘重土壤中扎根。将种植坑容积25%的岩棉加入到坑中，就能改善种植坑通气状况。岩棉加入到土壤20cm深的地方不但能改良园艺土壤，也能改善运动场和休息地草坪的生长。

四、容器土壤的盆栽混合物的配制

多数观赏植物能生长在100%的砂、树皮、木屑、稻壳或泥炭中，但是这需要严格的栽培实践。通常盆栽混合物是由两种以上的介质配合而成的，混合物在物理和化学性质上比任何一种单独使用要好。例如泥炭和砂、泥炭和木屑、泥炭和珍珠岩、木屑和稻壳等。

盆栽植物生长好坏，主要取决于盆栽介质的理化性质。表11-8为常见盆栽混合物材料的理化性质。

表11-8　常见盆栽混合物材料的理化性质

材料	容重	持水量	通气孔隙	代换量	C/N比
甘蔗渣	低	高	低	中	高
树皮	低	中	中	中	高
陶粒	中	中	高	中	低
粪肥	低	中	低	高	中
垃圾	低	高	中	高	中
泥炭	低	高	高	高	中
珍珠岩	低	中	高	低	低
稻壳	低	低	高	中	中
砂	高	低	中	低	低
木屑	低	高	中	中	高
刨花	低	中	高	中	中
蛭石	低	高	中	低	低
低	0.25	20%	5%	10meq/100cm³	1:200
中	1:200中1:500	0.25~0.75	20%~60%	5%~30%	10%~100%	meq/100cm³
高	>	>60%	>30%	>100 meq/100cm³	1:500

由于花卉的种类不同，各地容易获得的材料不同，加上栽培管理方法的不同，对盆栽混合物很难拟定出统一的配方，但总的趋向是降低土壤容重，增加总孔隙度、水分和空气的含量。任何材料和土壤混合，都要充分发挥该材料的作用，其用量至少等于总量的1/3～1/2。一般混合后的培养土，容重应低于1.0，通常孔隙应不小于10%。表11-9为观叶植物盆栽混合物的建议标准。

表11-9　观叶植物盆栽混合物的建议标准

容　重	0.30～0.75g/cm³（干），0.60～1.20 g/cm（湿）
持 水 量	20%～60%（体积）
通气孔隙	5%～30%（排水后总体积）
pH	5.5～6.5
阳离子代换量	2～40cmol(+)/kg 干重，10～100meq/cm³
可溶性盐	400～1000ppm（土/水为1/2）

以日本盆栽仙客来资料为例，由于材料来源和栽培经验不同，同一种花使用的盆栽介质的混合比差异也是很大的（表11-10）。

表11-10　不同农家仙客来盆栽土壤的混合比（细谷门，1973）

农家代号	土 壤 材 料 的 混 合 比（%）						
	冲击土	火山土	腐叶土	堆厩肥	苔藓泥炭	花生壳	其他
1		25	40	25			
2	10	50	20				
3	20	30	20				
4	40	40	40				
5		50	50		10		
6		38	30		10		15
7	17	30	25		20		15
8	30			20		30	
9	50	70	15			15	
10		50	14	24			12

五、几种容器土壤和盆栽土壤混合物

（一）英国乔纳斯和美国加里福尼亚大学标准容器土壤

此两种容器土壤比较有名，为现代欧美盆花生产者所改进利用。

1. 乔纳斯容器土壤

（1）播种用。按容积比混合：壤土2份、泥炭1份、砂1份。平均每 m³ 加1.2kg 过磷酸钙，0.6kg 碳酸钙。硫酸钾0.6kg 碳酸钙0.6kg。

（2）盆栽用。按容积比混合：壤土7份、泥炭3份、砂2份。平均每 m³ 加蹄角粉1.2kg，过磷酸钙1.2kg，硫酸钾0.6kg，碳酸钙0.6kg。

2. 加里福尼亚大学容器土壤（表11-11）

表 11-11　加里福尼亚大学标准容器土壤

组合	容积比		用途
	细砂	泥炭	
A	100	0	大体上不使用
B	75	25	用于苗床
C	50	50	用于盆栽
D	25	75	用于苗床、盆栽
E	0	100	用于杜鹃、茶花盆栽

（二）康乃尔大学的盆栽混合物

（1）需要高持水量的观叶植物。2 份水藓泥炭、1 份园艺蛭石、1 份园艺珍珠岩。

每 m^3 混合物加 4.8 kg 粉碎的石灰石，加 1.2 kg 过磷酸钙，0.60kg 的硝酸钾，1.2kg 的玻璃微量元素，0.5kg 的硫酸亚铁和 1.5 kg 的复合肥料（14－14－14）。

（2）需要排水良好、并能忍受干旱的观叶植物。1 份泥炭、1 份园艺珍珠岩、1 份树皮。

每 m^3 混合物加 4.2kg 粉碎的石灰石，加 2.4 kg 过磷酸钙，0.60kg 的硝酸钾，1.2kg 的玻璃微量元素，0.30kg 的硫酸亚铁和 1.5 kg 的复合肥料（14－14－14）。

（三）佛罗里达大学的苗床和盆栽混合物

1. 为母本生产的高架苗床

（1）硬底苗床的混合物。1 份黄砂、3 份泥炭。

（2）金属网底苗床的混合物。3 份黄砂、1 份珍珠岩。

2. 繁殖苗床

（1）100％泥炭。

（2）3 份泥炭、1 份珍珠岩。

3. 盆栽观叶植物

（1）要求通气性较高的观赏植物。2 份泥炭、1 份树皮、1 份刨花、或 1 份泥炭、1 份树皮。

表 11-12、表 11-13 为适合各种花卉的盆栽土壤的理化性质。

表 11-12　适合于各种花卉的土壤理化性质（Penningsfeld 1962）

种类	土壤密度（kg/L）	pH 值	水溶性盐类（％）	3 要素量（平均含量 mg/100g ±）		
				N	P_2O_5	K_2O
杜鹃	0.1~0.3	4.0~4.5	0.05~0.2	10~40	10~30	30~60
石楠	0.2~0.5	3.5~4.0	0.05~0.2	10~20	10~20	10~20
春石竹	0.9~1.1	6.0~7.0	0.3~0.6	20~50	60~80	80~100
非洲菊	0.6~1.1	5.5~6.5	0.2~0.3	10~30	40~60	60~100
菊花	0.7~1.1	5.5~7.5	0.3~0.7	20~40	80~100	100~150
大岩桐	0.4~0.7	5.5~6.5	0.2~0.4	20~30	60~80	80~100
仙客来	0.5~0.7	5.0~6.5	0.2~0.5	20~40	80~100	80~120

（续）

种类	土壤密度 （kg/L）	pH 值	水溶性盐类 （%）	3 要素量（平均含量 mg/100g ±）		
				N	P_2O_5	K_2O
天竺葵	0.7 ~ 0.9	6.0 ~ 7.0	0.2 ~ 0.6	20 ~ 40	50 ~ 80	80 ~ 120
非洲紫花地丁	0.5 ~ 0.7	5.5 ~ 6.5		0.2 ~ 0.5	20 ~ 40	60 ~ 80
山茶	0.2 ~ 0.5	4.0 ~ 6.0	0.05 ~ 0.2	20 ~ 30	20 ~ 50	40 ~ 60
西洋八仙花（青）	0.4 ~ 0.7	3.5 ~ 4.5	0.3 ~ 0.6	20 ~ 30	40 ~ 50	80 ~ 100
西洋八仙花（红）	0.4 ~ 0.7	5.5 ~ 6.5	0.3 ~ 0.6	20 ~ 40	80 ~ 100	80 ~ 100
月季	0.9 ~ 1.1	6.0 ~ 7.0	0.1 ~ 0.4	10 ~ 30	60 ~ 80	80 ~ 150
樱草	0.7 ~ 1.0	6.0 ~ 7.0	0.05 ~ 0.2	10 ~ 20	40 ~ 60	40 ~ 80
秋海棠	0.3 ~ 0.5	5.0 ~ 6.0	0.1 ~ 0.3	10 ~ 30	40 ~ 60	60 ~ 80
瓜子海棠	0.7 ~ 0.9	6.0 ~ 7.0	0.2 ~ 0.4	10 ~ 30	50 ~ 70	80 ~ 100
一品红	0.6 ~ 0.9	6.0 ~ 7.0	0.3 ~ 0.6	20 ~ 40	80 ~ 100	80 ~ 100

表 11-13　土壤、珍珠岩、泥炭混合物的物理性质（White 1974）

混合土 （土壤 - 珍珠岩 - 泥炭）	土壤密度 （g/cm^3）	总孔隙度 （%）	最大持水量 （%）	通气孔隙度 （%）
10 - 0 - 0	1.15	57.0	43.9	13.1
9 - 1 - 0	1.15	56.9	42.0	14.9
9 - 0 - 1	1.05	60.7	43.7	17.0
8 - 1 - 1	1.03	61.3	46.0	15.3
7 - 3 - 0	1.03	61.5	41.8	19.7
7 - 0 - 3	0.93	64.9	41.0	23.9
7 - 1 - 2	0.85	67.9	45.6	22.3
7 - 2 - 1	0.90	66.4	44.9	21.5
6 - 1 - 3	0.72	72.5	44.2	28.3
6 - 2 - 2	0.82	69.2	41.2	28.0
6 - 3 - 1	0.86	67.5	43.8	23.7
5 - 5 - 0	0.82	69.3	4.4	26.9
5 - 0 - 5	0.69	73.4	47.6	25.8
3 - 7 - 0	0.68	73.6	39.6	34.0
3 - 0 - 7	0.48	81.1	57.3	23.8
3 - 6 - 1	0.54	78.7	39.5	39.2
3 - 1 - 6	0.45	82.5	53.3	27.2
2 - 7 - 1	0.46	82.1	38.8	43.3
2 - 1 - 7	0.38	84.7	63.9	20.8
2 - 6 - 2	0.40	84.3	42.0	42.3
2 - 2 - 6	0.36	85.8	53.8	32.0
1 - 9 - 0	0.40	84.2	40.3	43.9

（续）

混合土 （土壤－珍珠岩－泥炭）	土壤密度 （g/cm³）	总孔隙度 （%）	最大持水量 （%）	通气孔隙度 （%）
1－8－1	0.31	87.6	38.1	49.0
1－7－2	0.30	87.9	45.9	42.0
1－6－3	0.29	88.3	43.2	45.1
1－3－6	0.26	89.3	55.9	33.4
1－2－7	0.27	88.6	64.0	24.6
1－1－8	0.28	88.7	64.8	23.9
1－0－9	0.22	91.1	68.6	22.5
0－10－0	0.18	92.4	36.8	55.6
0－9－1	0.17	92.7	38.7	54.0
0－7－3	0.14	93.8	43.5	50.3
0－5－5	0.14	93.4	51.5	41.9
0－3－7	0.12	93.8	52.6	11.2
0－1－9	0.18	89.4	64.6	25.2
0－0－10	0.10	94.4	63.8	30.6

第三节 保护地栽培下边的土壤

栽培在露地的叫露地栽培，栽培在玻璃温室、塑料棚、冷室、荫房等室内的称保护地栽培。露地栽培易受自然条件的限制，从而会影响花卉的质量。随着科学技术的发展，改变局部环境条件以适应各类花卉的生长已经成为可能。近年来，覆盖保护地的栽培事业得到很大发展，技术装备先进、操作机械化，生产管理科学化、自动化，促使保护地栽培成为现代化的栽培事业。

一、露地土壤和保护地土壤的形成和差异

土壤是有其发生发展变化的自然体，其性质除受母质影响外，更多的是受环境条件影响而变化；即使是相同的土壤，由于所处环境的不同，在短时间里形成了两种性质全然不同的土壤。露地栽培和保护地栽培就是两个不同的环境条件，因此，它们的土壤性质也不同，若不考虑到这一点，片面地进行相同的施肥，则将会对植物产生各种各样的生理障碍。

保护地内的气温和地温都比外界露地高，中午更是显著，盛夏期间，温室和塑料大棚内的气温可达 50~60℃，土壤表面水分蒸发很大。

在露地栽培下，特别在降雨量多的地区，雨水将土壤中所含的各种养分淋溶至下层。若大量施用氮肥，则施入氮素的一半可转化为硝态氮，随雨水淋洗，这种类型可称为淋溶型土壤。在保护地栽培下，由于土壤全面地被覆盖，得不到降雨的淋溶，加之保护地内的温度较高，地表面的水分蒸发大，使水分随毛管由下向上运动，将土壤下面的盐分带到地表。同时，施入的肥料，一般也都残留在原地，这种使盐分在表土聚积的土壤，称为聚积型土壤。

在塑料膜作为地膜覆盖下，土壤水分的变动比露地栽培要小，这是因为多雨时，有塑

料薄膜的阻挡，减少了雨水进入土壤。在干燥时，由于有塑料薄膜的覆盖，又防止了土面的水分蒸发，因为蒸发，凝结附着在薄膜上的水分，又落回到土壤中。因此，土壤水分的移动，除沟间是纵向渗透外，其他则是稍稍横向两旁向上的运动。没有肥料的淋洗，也没有盐分的聚结，对作物发育和对土壤水分有效利用来说都是有利的。

二、保护地土壤的特性

(一)土壤溶液浓度高

保护地土壤的盐分浓度高出露地很多，一般露地土壤溶液的全盐浓度在500～3000ppm，在保护地栽培下可达10 000ppm以上。而一般作物发育的适宜浓度为2000ppm，若在4000ppm以上，就会抑制植物生长。

在新建温室中，作物生育良好，时间一久就开始变坏。年代越久，盐类集聚越多。在保护地中，土壤盐类上升的主要原因是施肥不当。

(二)氮素形态变化和气体危害

由于保护地土壤溶液浓度高，抑制了硝化细菌的活动，肥料中的氮可以生成相当数量的铵和亚硝酸，但硝化作用很慢，这样，使铵和亚硝酸就蓄积起来，逐渐变成气体。

若在露地栽培情况下，气体挥发后就扩散到空气中去了，但在保护地栽培下，因有玻璃、塑料膜的覆盖保温，冬季换气较困难，因此，挥发出来的气体，浓度达到某种程度时，就会产生气体危害。

(三)土壤消毒造成的毒害

在土壤中存在很多害虫、病原菌、病毒等。在保护地栽培中施用大量有机肥时，微生物活动比露地栽培要活泼得多。如果栽培单一作物，土壤传染性病害会很快传播，所以在保护地栽培中，土壤消毒是必须进行的作业。一般常用的方法有化学药剂处理和蒸汽处理方法。但在消灭有害微生物的同时，将硝化菌等有益微生物也消灭了，而氨化细菌对蒸汽和药剂的抵抗力强，可以被保存下来。由于硝化细菌的死亡，硝化作用被中断了，其中使土壤中的锰转为有效态锰。由于土壤消毒后产生过多的铵和有效态锰，对作物会产生毒害，因此，在土壤消毒时要充分考虑以下几点：

(1)在土壤消毒前，不要施用过多的有机肥料和氮肥；

(2)在消毒完后，充分搅动土壤2～3次，以与空气多接触；

(3)消毒后，易施硝态氮肥；

(4)为促使锰恢复到原来状态，可在消毒土壤中加入5%未消毒土壤。

三、保护地土壤管理

如何使保护地土壤盐分聚积少一些，这是保护地土壤管理的要点。

(一)控制施肥

给以必要的最小限度的施肥量。对肥料的种类，应选择浓度障害出现少的肥料，磷肥对于浓度上升的影响较小；氮肥和钾肥对于浓度的影响大，特别是氯化铵和氯化钾混施，可形成较高的浓度。这是因为氯化物和土壤中钙起作用，提高了土壤溶液中钙的含量，在肥料本身浓度上升的同时，土壤中难溶成分变为可溶成分，使浓度上升加剧。

(二)完善排灌系统

在1m宽的苗床上设置2～3排0.4～0.6m深的排水暗沟。在高温季节增加灌水量可减轻盐分的危害。

(三)栽培水稻

夏季温室后茬地栽种水稻，可以不施用基肥，利用水稻吸收多余的养分。漫灌淹水，造成土壤氧气不足，一些好气性的传染性病原菌及线虫不能生活繁殖，可以达到灭杀或减少其密度的目的。在淹水条件下，水稻的根系和藻类，能起净化有害有机质的作用。这方面的具体实践在各地尚不多见。

(四)淹水处理

如果不栽培水稻，淹水处理时间至少半个月，可能的话，一个半月更好。淹水处理，结合施用消石灰和氰氨化钙，可以使病原菌的密度进一步降低。平均每 $1000 \mathrm{m}^2$ 施 200 kg 的消石灰，耕翻后淹水保持一个月以上；或每 $1000 \mathrm{m}^2$ 撒施 300 kg 的防散型氰氨化钙，及时耕翻与土壤充分混合，在温室密闭一星期。7 月份晴天室温可提高到 40℃ 以上，土壤中的氰氨化钙可以分解成酸性氰氨钙 $[\mathrm{Ca}(\mathrm{HCN}_2)_2]$ 和双氰氨 $(\mathrm{C}_2\mathrm{H}_4\mathrm{N}_4)$，具有杀菌、杀草的效果，经过一周后，温室进行换气和淹水处理。

在定植前一个月或一个半月，施入截成 5cm 左右的碎稻草，每 $1000 \mathrm{m}^2$ 施 1~2 t，同时撒氰氨化钙，将其翻进土中。这对改良土壤的物理性状，增加土壤腐殖质，是比较成功的经验。

参考文献

［1］北京林学院主编．土壤学（上册）［M］．北京：中国林业出版社，1982.

［2］崔晓阳等．城市绿地土壤及其管理（绿地空间）［M］．北京：中国林业出版社，2001.

［3］华南农业大学．地质学基础［M］．北京：农业出版社，1985.

［4］黄昌勇．土壤学［M］．北京：中国农业出版社，2000.

［5］金京模．地质与地貌学类型图说［M］．农业科学出版社，2002.

［6］冷平生等．园林生态学［M］．北京：气象出版社，2003.

［7］刘常富等．园林生态学［M］．北京：科学出版社，2003.

［8］陆景冈等．旅游地质学［M］．中国环境科学出版社，2004.

［9］罗汝英主编．土壤学［M］．北京：中国林业出版社，1992.

［10］上海市园林学校主编．园林土壤肥料学［M］．北京：中国林业出版社，1988.

［11］朱祖祥．土壤学（上册）．全国高等农业院校试用教材［M］．北京：农业出版社，1983.

［12］朱祖祥．中国农业百科全书．土壤卷［M］．北京：中国农业出版社，1996.